JN026018

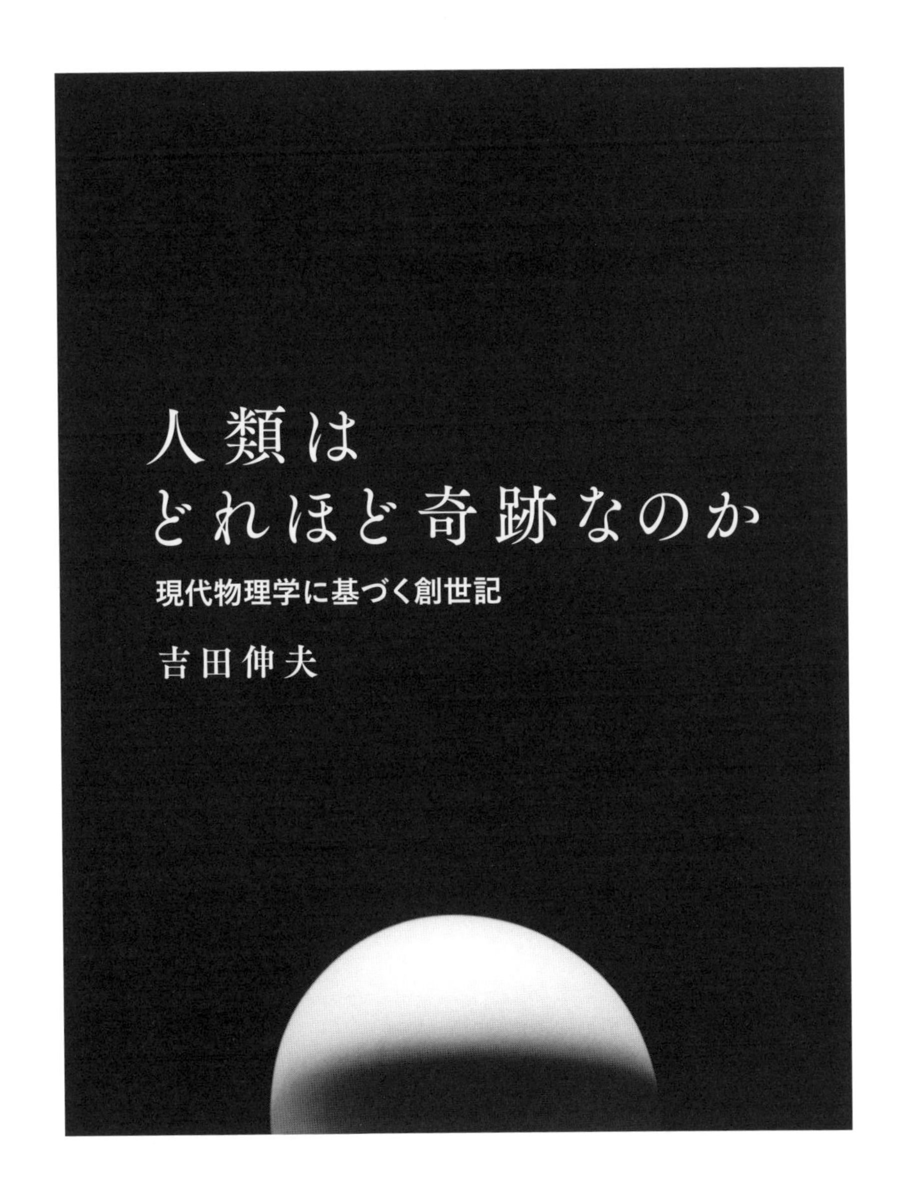

人類は どれほど奇跡なのか

現代物理学に基づく創世記

吉田伸夫

技術評論社

はじめに

人間と世界の話をしよう。

「人間とは何か」「われわれはどこから来てどこに行くのか」——こうした問いに対して、さまざまなアプローチが可能だが、どんな場合にも決して無視できない制約がある。それは、人間が物理的な世界の存在だという厳然たる事実だ。単に、物質世界の内部に生きているのではない。人間とは、そもそも物理現象なのである。

この「人間は物理現象だ」という世界観が、本書を通底する立場である。

断っておくが、「人間は単なる物理現象にすぎない」と言いたいのではない。そもそも、人間の活動を「単なる物理現象」とは別物だと思いたがる人が、本当に物理現象の何たるかを理解しているのか、疑わしく思える。私の知る限り、思考や感情も含めて、人間の活動が物理現象以外の何かであることを示す証拠は見当たらない。物理法則に従って生起する現象ではあるが、それでも人間は、ほとんど奇跡と言って良い存在なのである。

物理法則の中には、自律的に（すなわち、外部から特定の方向性を持つ作用が加えられなくても）構造を形成する性質を持つものがある。それが、量子論の法則である。

日常生活の範囲では、雪の結晶が整然とした六角形になるなど、ごく限られた領域でしか、量子論による構造形成の実例を目にすることがない。しかし、肉眼で見えない分子レベルの微細な現象は量子論に支配されており、その建設的な機能によって、生命が活動できるようになったのである。

もっとも、量子論の法則に従いながら生命が誕生するには、いくつかの必要条件がある。一つだけ例を挙げるならば、宇宙が整然とした状態から出発しなければ、生命が発生できる環境が自然に整うことはない。

人類が生まれたこの宇宙では、必要条件がすべて満たされている。これらの条件が満たされると、高温の恒星と冷たい海を持つ惑星からなる安定な天体システムが形成され、生命が発生しても不思議ではない環境が自然に作られる。この環境において、化学反応を通じて生命が誕生し、これが進化して知性や意識を持つに至る過程は、物理法則に反しない現実的なプロセスと見なせる。

ただし、可能性と蓋然性は異なる。生命の誕生や進化は、物理法則に反しないという意味で実現可能であっても、確率的に見ると、簡単に実現できるわけではない。ある特定の場所に知的生命が存在する確率は、恐ろしいほど小さい。

ここで重要になるのは、原子と宇宙の間に存在する途方もないスケール格差である。量子論が支配する原子のスケールと比べると、宇宙は想像を絶するほど巨大である。このため、宇宙には膨大な数の天体が存在し、その一部は、生命が誕生できる環境を有する。実際に生命が誕生する天体はごくわずかであり、文明を有するほど進化を遂げるのは、さらにごくごく限られたケースとなるだろう。しかし、母数となる天体数がきわめて多いため、どこかの天体に知的生命が存在すること自体は、必ずしも小さな確率にはならない。

人間の存在は、物理法則を超越した奇跡ではない。だが、今ここに知性と意識を有する人間として生きていることは、無数の偶然が重なり合った結果として実現された、奇跡的な出来事なのである。

本書は次の三部構成になっており、こうした奇跡的な物理現象が生じた過程を、段階的に見ていくことにしたい。

第Ⅰ部　生命の誕生

高温の恒星から大量の光が冷たい海に降り注ぐことで、通常の熱力学とは異なるエネルギーの移動が実現され、生命の誕生が可能になった。このとき、量子論による構造形成のメカニズムが重要な役割を果たす。

第Ⅱ部　知性の獲得

予測能力を持つ神経ネットワークを備えた生物は生存に有利になるため、自然選択を通じて生き残る。こうした神経ネットワークの仕組みを、「数を数える」というケースを元にして説明する。

第 Ⅲ 部　意識の発生

場の量子論に基づいて、意識が存在する物理的な根拠を論じる。意識は、意識主体（モノ）の活動による事象（コト）ではなく、それ自体が実在的である。

物理学の知識が多少なりともあれば、より理解が深まるだろうが、中学を卒業してから理科の勉強をしたことがない人でも（ある程度は）わかるように、直観的なイメージに基づく説明を心がけた。

また、それぞれの末尾には、［現代科学で読み解く古典哲学］と題したコラムを付け加えた。本文とあまり関係ないように思える人もいるだろうが、量子論や相対論に基づく世界観が実は哲学的な発想と結びつくことを示したつもりである。本文があまりに茫漠として掴み所がないと感じる読者には、こうした哲学的な話や、SF 作品からの引用が、何らかの手がかりになるかもしれない。

吉田 伸夫

目次

第 I 部
宇宙の中の人間

「しかし、どんな理由だったにしろ、宇宙が開闢したことに、わたしは感謝している。わたしがこうして存在するのは、その事実のおかげだからだ。わたしの望みと考えのすべては、この宇宙のゆるやかな息吹から生まれた渦巻きであり、それ以上でもそれ以下でもない」

テッド・チャン著「息吹」;『息吹』(大森望訳、早川書房) p.64

中国系アメリカ人作家のテッド・チャンに、「息吹」という短編SF小説がある。世界的なSF文学賞であるヒューゴー賞(短編部門)をはじめ、多くの賞を獲得した傑作である。

舞台となるのは、現実とは似ても似つかぬように見える異世界。そこに住む知的生命は、機械的な身体を持ち、給気所で空気を充填した肺を胸郭に取り付けることで生命活動を維持する。物語は、世界に小さな異常が現れるところから始まり、その原因を解明しようとする科学者の命を賭した努力と、彼が到達した驚くべき結論を記して終わる。

この作品の魅力は、いかにも人工的な異世界を取り上げたようで、実は、現実世界を忠実に模した寓話になっている点だろう。生命が何に駆動され、いかなる終焉を迎えるか——SF的想像力の限りを尽くした叙述でありながらも、同時に、われわれ人類の姿が巧みに映し出される。

「息吹」に登場する知的生命と同じように、人間も、宇宙に生かされるちっぽけな存在にすぎない。宇宙の息吹が止むと、心の動きを含むあらゆる活動が停止する。まことに儚い生き物である。

しかし、その一方で、「ちっぽけな命を生かすのにも宇宙が必要だ」という壮大な見方も、また可能である。宇宙がその総力を挙げて動かしているのが、人間という生き物なのである。

第I部では、こうした宇宙と生命の関わり合いを見ていきたい。テーマを問いの形にまとめるならば、「なぜ宇宙に生命が存在するのか?」である。

第1章 宇宙と原子と人間と

科学で「なぜ」という問いに向かい合うときには、その問いが発せられた背景を考える必要がある。「なぜ宇宙に生命が存在するのか？」と問われた場合、生命が発生するまでの具体的なプロセスを述べただけでは、質問者は納得すまい。日常的な思考の範囲内では、「物質しか存在しない環境下で、生命が自然に発生するはずがない」ように思える。科学者は、この疑問を解消する説明を用意しなければならない。

われわれの周囲に見られる複雑かつ精妙な構造は、大半が生物由来である。生命を介さずに起きる自然現象は、洪水や落雷、火山の噴火など、往々にして、生命が作り上げた構造を破壊するだけの、荒々しく非生産的なものだ。人間のスケールで見ると、物理的な現象によって作り上げられる構造は、地層のようなごく単純な形態が多い。成層火山は近似的には円錐形、河岸段丘は階段状であるものの、厳密な幾何学的形態にはほど遠い。生命のいない世界には、高度に抽象的な構造が形成されることがなさそうに思える。

しかし、こうした見方は、「人間のスケール」という制限がもたらした錯覚である。メタンやベンゼンの分子は、天体表面やガス雲内部に存在することが確認されているが、生物の働きがなくても、メタン分子では含まれる水素原子が正四面体の頂点の位置に、ベンゼン分子では炭素原子が正六角形の頂点の位置に、自然に配列される（**図1.1**）。原子のスケールで眺めると、分子は「定まったエネルギーをやりとりすることで、形状や性質を幾通りにも変えられる精密機械」、結晶は「正確な幾何学的構造と強固な安定性を有する理想的な部材」だとわかる。人間の感覚器官では、分子・結晶の構造や機能をほとんど識別できず、膨大な数の原子が集まったときの全体像をぼんやりと捉えるだけなので、複雑精妙なその実態に気づけないのである。

「なぜ宇宙に生命が存在するのか？」と問われたとき、科学者がまず指摘すべきは、感覚で捉えきれないほど微小な原子のスケールになると、物理現象だけで自律的に秩序のある構造が形成されることである。その上で、原子スケールの秩序を持つ分子や結晶がいかにして組み合わされ、生物という人間スケールの仕組みを作ることが可能になったのかを論じる必要がある。

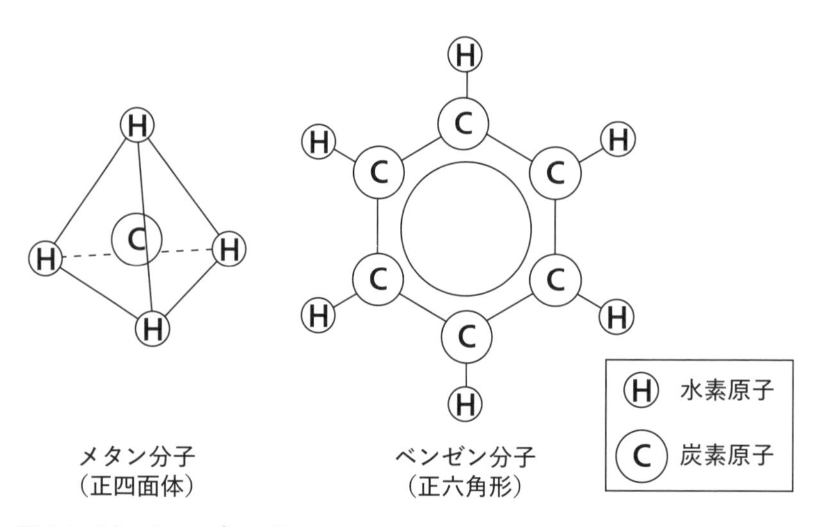

図 1.1: メタンとベンゼンの分子

メタンやベンゼンは、確かに幾何学的な構造を持ってはいるものの、生物の体は、複雑精妙さの度合いが格段に高い。命のない物質から生命を作ることは、有名な「エントロピー増大の法則」によって禁じられている――うかつな科学者ならば、そんな妄言を口にするかもしれない。確かに、自然に進行する人間スケールの現象では、エントロピーが増大するというのが物理の必然である。科学者が答えなければならないのは、この物理法則を破らずに生命を誕生させるマジックが何かである。

ビッグバンとエントロピー

一般の人にとって、現代物理学で使用される用語のほとんどは耳馴染みがないだろうが、「ビッグバン」と「エントロピー」は、例外的に知られているようだ。ただし、正確に理解されているかと言うと、心許ない。

一般的な理解では、ビッグバンは、百数十億年前に起きた宇宙誕生時の大爆発で、その衝撃によって宇宙は今も膨張を続けているとされる。また、エントロピーとは秩序のなさを表す指標で、人間が意図的に整理でもしない限り、エントロピーは自然に増大していくという。

もし、この理解で正しいならば、混沌の極みとも言うべき大爆発から始まった宇宙は、そこからさらにエントロピーが増大し、いっそう無秩序になっていくはずである。これでは、なぜ生命体という秩序あるシステムが誕生し人間に至るまで進化したのか、まったくわからない。「生命は物質と異なる法則に支配される」という見方が出てきても致し方ない。

現代物理学は、この問題に対する答えをすでに見つけている。実は、ビッグバンは爆発ではないし、エントロピーを単なる無秩序さと結びつけるのは早計である。観測データに基づいてきちんと定式化すれば、ビッグバンから始まった宇宙でエントロピーが増大し、その結果として生命が誕生したとしても、物理学的に何の矛盾もないことが示される。

まず、エントロピーとは何かについて説明しよう。ビッグバンとの関係は、その後で議論する。

エントロピーとは何か

エントロピーとは、その状態が統計的に見て起こりやすいかどうかを示す指標である。

例えば、2個のサイコロを振ったとき、出る目の和が2になるよりも7になる方が、起こりやすい（気になる人は、実際にサイコロを振って試してみると良い）。和が2になるのは、2つの目がどちらも1の場合に限られるが、和が7になるケースは、それぞれの目が1と6、2と5など6通りもあるからだ（**図1.2**）。このように、ある状態（「目の和が特定の値」など）になる「場合の数」が多いほど、その状態が実現されやすい。エントロピーとは、こうした「場合の数」の多寡を表す状態量である[*1]。

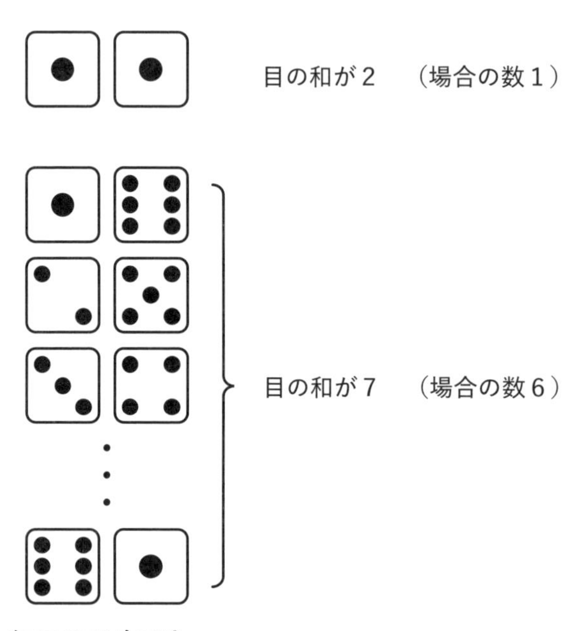

図1.2: サイコロのエントロピー

エントロピーが重要になるのは、構成要素の数がきわめて多いとき。サイコロが2個ならば、和が最頻値（最も頻繁に現れる値）7になる場合の数は、最小値2のときの6倍である。しかし、サイコロが2億個だとすると、最小値2億が実現されるにはサイコロ全部が1の目を出すしかないのに対して、最頻値7億になる場合の数は、2億個のサイコロの目をいろいろと組み合わせることができるので、桁違いに巨大になる。

多数のサイコロを1の目を上にして箱に入れ、箱全体を揺さぶることを

*1　熱力学の基本原理とされるボルツマンの公式によると、ある状態のエントロピー S は、$S=k\log W$ と定義される。W は、その状態を実現する「場合の数」。ボルツマン定数と呼ばれる k は、単位系に応じて定まる換算係数で、理論物理学の表記に便利な自然単位系では1である。

考えよう。個々のサイコロはランダム（＝デタラメ）に目を変えていくが、目が１ばかりの状態から始まったため、ほぼ確実に、場合の数（およびエントロピー）がより大きな状態へと移行する。このように、ひどく偏った状態から出発すると、エントロピーを増やす方向に何らかの作用が加わっているわけでもないのに、エントロピーが自然に増えていく。これが、「エントロピー増大の法則」である[*2]。つまり、この法則は、人間の理解を超えた不可解なものではなく、「ランダムな変化を通じて偏った状態が均される」という単純な統計法則にすぎない。

ここからは、エントロピー増大の法則があるにもかかわらず宇宙で生命が誕生した理由を説明する目的で、エネルギーとエントロピーの問題に踏み込んでいくが、物理が苦手な人には、ちょっと敷居が高すぎるかもしれない。どうにも難しいと感じる場合は、「熱は温度の高いところから低いところへと流れる」のが自然な過程で、この向きに熱が流れるときにエントロピーが増大すると覚えてほしい。その上で、この関係を図示した**図 1.4** を眺めてから、その次の節「水は常に高所から低所に流れるのか？」に飛んでかまわない。

閉じ込められた気体

エントロピー増大の法則が単純な統計法則に過ぎないことを明確に示すのが、容器に閉じ込められた気体の振る舞いである。

気体分子の個数はきわめて多く、常温１気圧の気体ならば、１リットル中に千億個の数千億倍の分子が含まれる。これだけの分子が、互いに相互作用することがほとんどないまま、秒速何百メートルという高速で、容器壁にぶつかっては行ったり来たりしている（**図 1.3**）。当然、たくさんの分子が特定の場所に偏って集まる確率は小さい。

*2　エントロピー増大の法則が成り立つには、いくつかの条件がある。まず、考えているのが統計的なシステムだということ。これは、ほぼ同等の構成要素がきわめて多数含まれており、その状態がランダムに（すなわち特定の方向性がなく）変化するようなシステムである。また、状態変化に対して何らかの制約が存在することも必要である。サイコロの場合は、「出る目が１から６までの数に限定されており、それぞれの目が出る確率は等しい」ことが前提となる。

気体を容器に充填した直後に密度の揺らぎがあったとしても、すぐに密度が一様の状態に落ち着く。エネルギーのやり取りを無視するならば、密度が一様になるのが偏りのないエントロピー最大の状態であり、そこに至るまでは、エントロピーが増大する過程となる。

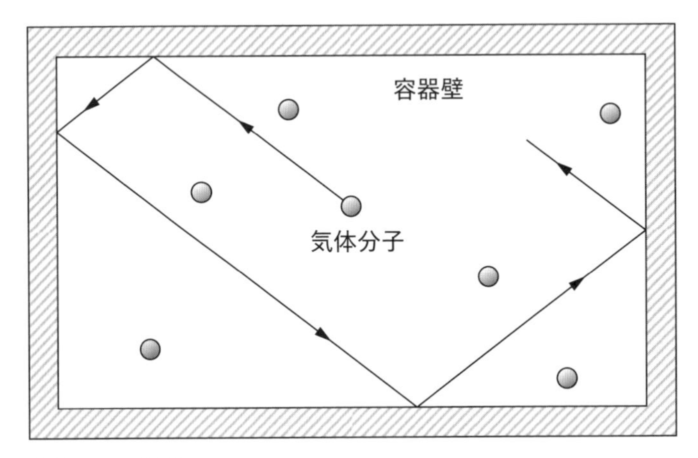

図 1.3: 気体分子の運動

原子スケールで見ると、容器壁と衝突した気体分子が運動の向きを変えるので、気体の変化が完全になくなったのではない。しかし、人間の目に見える巨視的なスケールでは、何の変化も観察されなくなる。このように、エントロピーが最大になり巨視的スケールで変化がなくなった状態は、「平衡状態」と呼ばれる。

エネルギーのやり取りまで考えると、話が少しややこしくなる。

外部と相互作用しない孤立した物理システムは、「エネルギー保存の法則」に従い、エネルギーの総量が一定に保たれるという性質がある。話を簡単にするため、気体は変形しない断熱性の容器に封入されており、各分子が持つエネルギーの総和は一定になるとしよう[*3]。気体が完全な平衡状

*3 実際の気体では、気体分子が容器壁とエネルギーをやり取りすることにより、気体と容器壁がともに熱平衡に達する。容器壁が完全に断熱的だとする仮定は、このやり取りを無視することになるので、気体が熱平衡に至るメカニズムがはっきりせず、理論的には不完全である。

態に達したとき、一定の全エネルギーが個々の気体分子にどのように分配されるかが重要になる。

気体が平衡状態に達したとき、どの場所でも密度が等しくなるのとは異なり、すべての分子が同じエネルギーを持つわけではない。分子ごとに、エネルギーの値が異なる。と言っても、デタラメな値になるのではなく、平衡状態特有のエネルギー分布が実現される。このエネルギー分布は、統計的に見て、最も起こりやすい状態に相当する。

ジェームズ・クラーク・マクスウェルやルートヴィッヒ・ボルツマンら19世紀の物理学者は、平衡状態でのエネルギー分布について研究し、特定の関数（指数関数と呼ばれるもの）を使って表されることを証明した。これが、気体をはじめ、さまざまな物理システムにおける「偏りのない」「均された」エネルギー分布であり、「ボルツマン分布（気体に限定する場合はマクスウェル分布）」とか「カノニカル分布」などと呼ばれる。

エネルギーが特定の分子に偏って分配された状態から始まり、ランダムなエネルギーのやり取りを続けると、統計的に起こりやすい「偏りのない」状態へと自然に移行し、最終的には、平衡状態のエネルギー分布に到達する。エントロピーは、平衡状態に達するまでは増大し続け、平衡状態で最大値となって、そこからは変化しなくなる。

温度とエントロピー増大の法則

マクスウェルやボルツマンが得た結果で特に興味深いのは、平衡状態のエネルギー分布が、たった一つのパラメータで特徴付けられる点である。このパラメータが「温度」である。温度と言うと、多くの人は「熱い・冷たい」のような知覚と結びつけがちだが、これは、運動する分子と感覚器の相互作用によって生じた信号を脳が処理した結果であり、物理的な実態を正しく表していない。

「温度が高い」とは、大きなエネルギーを持つ分子（高エネルギー分子）の割合が高い分布、「温度が低い」とは、逆に、割合が低い分布である。例えば、エネルギーの総量が同じ値の場合、これを少数の分子に分配すると、高エネルギー分子の割合が増えて高温になるが、多数の分子に分配したときには、その割合が減って低温になる。

分子間でのエネルギーのやり取りは、あまりスムーズにいかない。鍋で料理を作ったりするときに実感されるように、一部を加熱した際に熱（＝分子がやり取りするエネルギー）が行き渡り全体が同じ温度になるまでには、かなりの時間を要する。気体や液体の場合は、熱の流れよりも物質の移動速度の方が速く、いつまで経っても平衡状態に達しないことがある。

物理システム全体が一様な状態に達していない場合、分子が持つエネルギーの分布は、場所ごとに異なっている。このようなケースでは、温度にムラがあり、それぞれの場所に固有の温度があると見なされる[*4]。

物体に高温領域と低温領域があると、前者では高エネルギー分子の割合が高く、後者では低くなる。これは、全エネルギーの分配が均等でなく、高温領域に偏った状態である。したがって、ランダムなエネルギーのやり取りによって、エネルギー分布が自然に均される過程では、高温領域から低温領域へと熱の流れが生じる（**図 1.4**）。熱の流れには、分子そのものが移動する「対流」、接触した分子間で熱振動が伝わる「伝導」、エネルギーが電磁場の波に姿を変える「放射」などの種類がある。

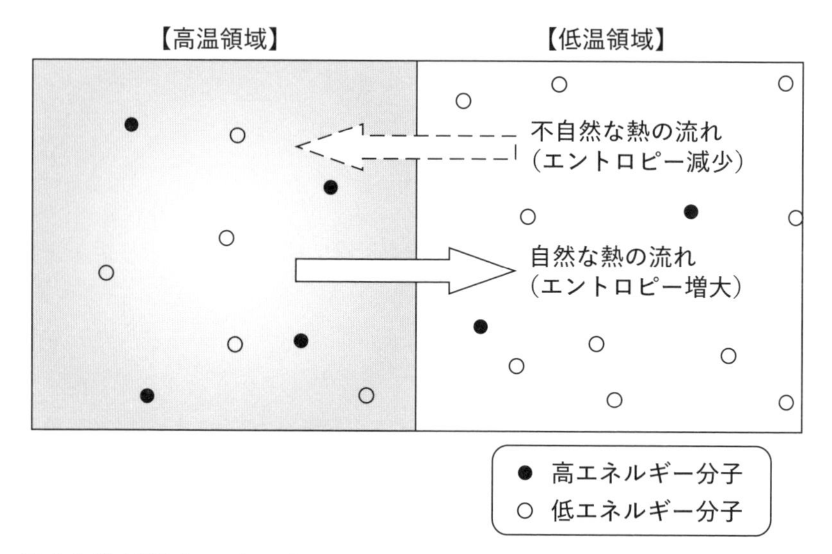

図 1.4: 熱の流れとエントロピー

*4 理論的には、狭い領域での分子のエネルギー分布に基づいて、局所的な温度が定義されるが、ここでは、小さな温度計を使って、それぞれの場所の温度を測ったと考えてかまわない。

熱力学の場合、エントロピーの増大とは、高温領域から低温領域へ向かう熱の流れを意味する[*5]。歴史的に言えば、熱の流れが高温から低温のときに増大し、逆向きのときに減少する量として、エントロピーが定義された。現在では、ボルツマンらによる一般的なエントロピーの定義から、熱が自然に流れる向きを導くことができる。

エントロピーの増大は、熱の流れという自然な過程として実現される。しかし、世の中、そんなに単純な出来事ばかりではない。生物の世界では、エネルギーの流れが熱力学の法則に従っていないかのような現象が起きる。光合成では、光のエネルギーがでんぷんなどの化学エネルギーとして固定され、筋肉収縮などのエネルギーを消費する過程に利用される。こうした過程は、統計法則に従ってエントロピーが増大しているようには見えない。では、どのように解釈すれば良いのか？

水は常に高所から低所に流れるのか?

エントロピーに関する物理学の議論はかなり難解なので、現象の本質を見失わない範囲で、比喩的な事例に置き換えて説明しよう[*6]。

熱が高温領域から低温領域へと流れるのと同じように、水は高所から低所へと流れていく。「水は低い所へと流れる」というのが、物理的な法則である。そこで、エントロピーが減少する可能性を探るために、水が低所から高所へと自然に移動するケースがあるかどうかを考える。

もちろん、ポンプなどの装置を使えば、水を高所に運ぶことは可能である。熱を運ぶヒートポンプも、実用化されている。だが、ヒートポンプのような装置が、生命が誕生する以前の地球で自然に形作られることがあるだろうか？ 水の例で言えば、水を“自然に”上昇させるシンプルなメカニズムを考えなければならない。

*5 エントロピーの概念は、熱力学に限られない。統計的な法則に従う一般的なシステムにも、拡張可能である。例えば、「ブラックホールのエントロピー」は、エネルギーの分布ではなく、ブラックホールの表面積を使って定義される。

*6 比喩を使わない説明には、本格的な熱力学の知識が必要となる。エントロピーが局所的に減少する過程については、ニコリス／プリゴジーヌ著『散逸構造』（小畠陽之助・相沢洋二訳、岩波書店）に詳しい。ただし、大学院生以上を対象とする専門書である。

物理法則に反しない形で水が低所から高所へと上がる最もシンプルな仕組みは、滝壺付近に見いだすことができる。大量の水が落下する滝では、途中の岩棚や滝壺に当たった流れが跳ね返り、水滴が上昇することがある（**図1.5**）。低所の方が重力による位置エネルギーが低いため、水は高所から低所へと流れるのが自然である。しかし、かなりの高さから水が一気に落ちてくると、低い地点では巨大な運動エネルギーになるので、固い物にぶつかって跳ね返されたとき、水滴が上昇できるだけのエネルギーが残されている。大量の水が落下するので、全体としては、水が位置エネルギーの低い方に移動するという物理法則は破られていない。にもかかわらず、滝が存在する限りいつまでも水が跳ね上がり続けることになり、その部分に注目すると、水の流れに関する物理法則が破れているかのような現象が起きる。

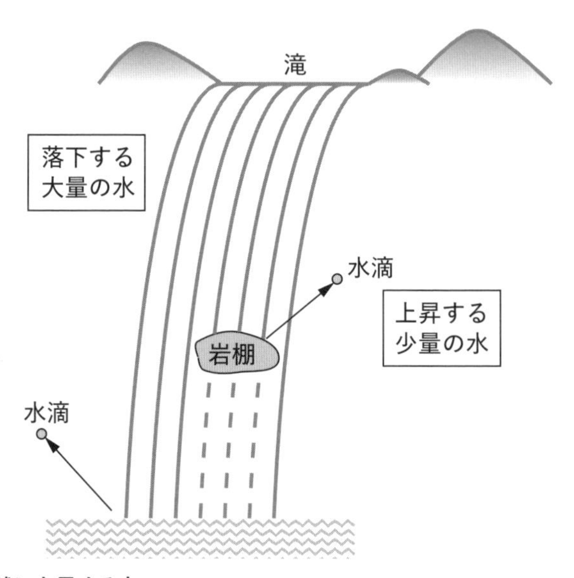

図 1.5: 自然に上昇する水

滝壺付近で継続的に水滴が上昇する過程は、物理法則には反していないが、実現されるための条件が必要となる。まず、高度差が大きく勾配が急でなければならない。なだらかな斜面を水が流れる場合、途中で水滴が跳ね上がることはほとんどない。また、水が低所から高所へと常に上昇するためには、大量の水が継続的に急勾配を下り、その一部が跳ね返り続けなければならない。さらに、岩棚や滝壺のように、落下してきた水を跳ね返すような仕組みも必要である。

エントロピーが減少できる条件

それでは、「熱は高温領域から低温領域へと流れる」というエントロピー増大の法則に関しても、滝壺と同じように局所的に熱が低温から高温へと流れることがあるのだろうか。水の流れと同じように考えれば、次の２つの条件が満たされる必要がある。

1. 温度勾配の大きい領域に大量の熱が継続的に流れている
2. 流れてくる熱を跳ね返すような仕組みが存在する

自然界には、この２つの条件を満たすシステムが現に存在する。それは、恒星の周囲を回る海を湛えた惑星である（**図 1.6**）。

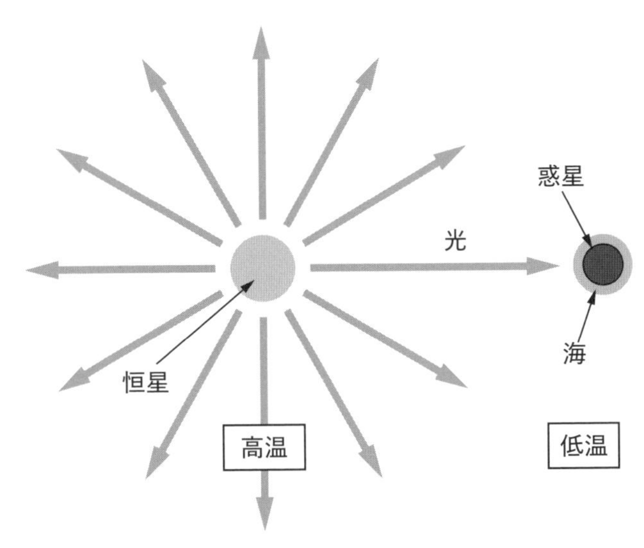

図 1.6: 恒星から海への熱流

恒星の表面温度はかなり高い。太陽の表面温度は、絶対温度で5800度[*7]。主系列星では質量が大きいほど表面温度が高く、質量が太陽の23倍もあるリゲル（オリオン座の一等星）は1万2千度である。

一方、周囲の宇宙空間は、きわめて温度が低い。全天から地球に降り注ぐ宇宙背景放射のデータを用いると、絶対温度3度（正確には2.725度）である。ただし、この温度の物体に包まれているわけではなく、伝導や対流のような熱の逃げ道がないので、宇宙空間で恒星からの光を浴びると、すぐに温度が急上昇する。

活動期にある恒星からは、極低温の宇宙空間に向かって、膨大な量の熱エネルギーが、主に光の形で流れ出す。もし海を持つ惑星が恒星の周囲を公転していると、大量の光が惑星の海に降り注ぎ、海水中の分子が光のエネルギーを吸収する化学反応が起きる。光を吸収した分子は、低温の海水中ではあり得ないような高エネルギー状態へと遷移するが、この過程が、落下のエネルギーによって滝壺で跳ね上がる水滴と同じ役割を果たす（この化学反応の仕組みについては、第2章で説明する）。

低温の宇宙空間内部で高温の恒星の周りを複数の惑星が公転するという惑星系は、ビッグバンから始まる宇宙では、物理法則に従って“自然に”——すなわち、実現確率のきわめて低い奇跡的な幸運がなくても——形成される。この点を説明しよう。

整然たるビッグバン

素朴な理解では、宇宙の始まりはビッグバンという大爆発だとされる。ビッグバンという名称自体、「大きなバーン（という爆発音）」のことで、ジョージ・ガモフらが提案した初期宇宙に関する学説を揶揄するために使われたもの。印象的なネーミングなので、そのまま学術用語として定着した。

提唱されて20年近くの間、ビッグバン理論の支持者は少なかったが、1965年にビッグバンの名残とも言うべき宇宙背景放射が発見されてから、学界で急速に受容される。高温だった宇宙初期に放出された光が宇宙空間

*7　気体分子運動論によると、零下273.15℃で分子の運動エネルギーがゼロになるので、これが自然界における熱力学的な最低温度と考えられ、絶対零度と呼ばれる。絶対温度とは、絶対零度をゼロとする温度目盛で、摂氏温度に273.15を加えた値に等しい。

を進み続け、現在の地球に降り注いでいるというのが、宇宙背景放射である。20世紀終盤には、探査衛星を用いた宇宙空間での観測が開始され、精度が大幅に向上した。そこで明らかになったのが、ビッグバンが爆発とはまったく異なる現象だという事実である。

ガス爆発にせよ核爆発にせよ、一般的な爆発は、エネルギーを放出する反応が連鎖的に続く過程である。燃料の種類（ガス、核物質など）やエネルギー媒体の分布に応じて反応の進行速度は場所によって異なるため、エネルギー放出には必ずムラが生じる。ところが、宇宙背景放射は、どの方位からも同じ温度だったことが示された。爆発につきもののムラがなく、きわめて一様性の高い、整然とした出来事だったのである。

この一様性の高さが、ビッグバンの重要な特質である。整然とした現象だからこそ、その後の天体形成が広い範囲で均一に行われた。

もしビッグバンが整然とした現象ではなく、あちこちにエネルギー密度（単位体積あたりのエネルギー）の濃淡があったならば、エネルギー密度の高い場所にとてつもなく巨大な質量を持つブラックホールが形成される。天の川銀河の中心には、太陽質量の400万倍という巨大ブラックホールが存在することが知られているが、ビッグバン当初からエネルギーが大きく揺らいでいた場合には、そんな生やさしいものでは済まない。銀河何千個分といった超巨大ブラックホールが形成されるはずである。

ブラックホールの重力に引っ張られて物質が落ち込むとき、強力な放射線が発生する。銀河中心付近は、そのせいで生命の誕生に不適な環境になっている。もしビッグバンのムラに由来する超巨大ブラックホールが存在したとすると、放射線が大量に飛び交ってしまい、宇宙空間の大半は、いびつで荒々しい不毛な世界になってしまう。そうならなかったのは、ビッグバンがムラのない整然とした出来事だったからである。

ビッグバンは空間膨張の途中で起きた

ビッグバンが巨大な爆発だと考えられたのは、宇宙空間が膨張しているからである。一般相対論によれば、空間は何もない空っぽのスペース（空隙）ではなく、ゴムのように伸び縮みする実体で、時間と一体化して時空を構成する。時空を伸び縮みさせるのは、その場所に存在するエネルギーである。

1929年にエドウィン・ハッブルが得たデータは、宇宙空間が膨張していることを示していた。当時知られていた一般相対論の方程式を適用すると、過去のある時点で宇宙の大きさがゼロだったと解釈される。したがって、大きさゼロの宇宙が大爆発とともに忽然と誕生し、そのときの勢いで、今なお膨張を続けていると考えるのが自然だった。

しかし、この解釈には、宇宙背景放射のデータなどをもとに疑問符が突きつけられた。大爆発によって大きさがゼロの状態から始まったにしては、宇宙空間のエネルギー密度があまりに一様すぎるのである。

現代的な宇宙論によると、宇宙空間が膨張しているのは、最初の勢いではなく、空間自体に膨張する性質が内在するせいだと考えられている。空間を膨張させる力の源が、暗黒エネルギーと呼ばれるもの。暗黒エネルギーの正体や性質は、まったくと言って良いほどわかっていないが、これがないと観測データをうまく説明できない。

ゴムのような実体である時空の内部に暗黒エネルギーが含まれており、宇宙空間は、その効果で自然に膨張する性質がある。ビッグバンとは、膨張を始めたきっかけではなく、暗黒エネルギーの効果で膨張を続ける途中で、突然起きたエネルギーの放出過程だとされる。エネルギーがどのようにして放出されたかはまだ未解明であるものの、内在していた暗黒エネルギーの一部が顕在的なエネルギーに変換されたとの見方が有力である。

ビッグバン以前には、宇宙空間に物質はなく、完全に虚無の世界が広がっていたと見られる。この空間が、暗黒エネルギーによって整然と膨張を続けていた。膨張途中で暗黒エネルギーの一部が顕在化し、その作用でさまざまな物質的現象が起き始めたのである（**図1.7**）。ビッグバンとは、虚無の世界が物質的な世界に変化する過程だった[*8]。

*8 ビッグバン以前の宇宙に関しては観測データがまったくなく、確定的なことは何も言えない。ここに記したのは、あくまで有力な仮説の一つである。

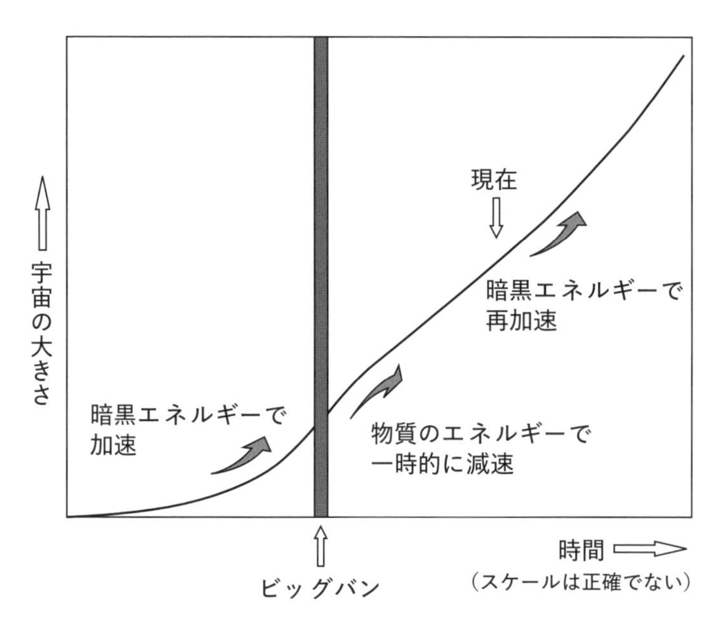

図 1.7: ビッグバン

一般相対論によって空間が空っぽではないことが示されたが、現代物理学は、さらに空間には物質の基になるものがみっしり詰まっていることを示した（第2章参照）。これを物質の「場」という。電磁場もそうした場の一種であり、電磁場に生じた波が光である。電磁場以外にも、電子の場やクォーク（原子核内部にある陽子や中性子の構成要素）の場などが存在する。ビッグバンの際、空間に内在していたエネルギーが放出され場に注入されたことによって、すべての物質の場は、まるで煮立った熱湯のように激しく振動し始める。このように、場がエネルギーを得て活性化されることは、場の「励起」と呼ばれる。

20世紀以前には、エネルギー（E）と質量（m）はまったく別個の概念だったが、相対論から導かれるアインシュタインの関係式 $E=mc^2$ によって、両者が等式で結ばれた（c は単位の換算係数で光速と等しい）。相対論によると、エネルギーが基本的な物理量であり、質量は、ある領域に閉じ込められたエネルギーを意味する。場に注入されたエネルギーは、空間内部に均等に広がるのではなく、（第2章で紹介する量子論の効果によって）エネルギーの塊を形成する。このエネルギーの塊は素粒子と呼ばれ、場の波動が粒子のように振る舞っているものである。

ビッグバンの際に励起された場は、無数の素粒子を生み出した。現在の宇宙に存在する物質はすべて、ビッグバンのエネルギーが何らかの形で残留したものである。

希薄化するエネルギーと残留する物質

空間内部に潜んでいた暗黒エネルギーが大量に放出された結果、ビッグバン直後のエネルギー密度はきわめて巨大となる。膨大な素粒子が飛び交うせいで、圧力も非常に高い。素粒子の一種である光子（光の素粒子）も大量に生成され、全宇宙が現在の太陽表面よりも明るくギラギラと輝いていた。

空間が膨張するにつれてエネルギー密度は低下し、それに伴って温度も下がる。計算によれば、ビッグバンから100秒の時点では約10億度という想像を絶する高熱地獄だったが、40万年も経つと温度は3000度を切り、表面温度の低い赤色巨星ベテルギウスと同程度になる。ビッグバンから百数十億年を経た現在では、宇宙空間は絶対温度3度の極寒の世界となっている。

もし、宇宙におけるエネルギー分布が厳密に一様ならば、エネルギー密度はどこでも同じようにゼロに近づき、物質はガスとなって薄く漂うだけとなる。そんな世界で生命が発生する確率は、限りなく小さい。形を持つ物質のない、ほとんど虚無の世界である。

しかし、完全に一様な分布というものは、現実にはあり得ない。エネルギー分布にはごくわずかのムラがある。一般相対論によると、エネルギー密度の高い領域は、周囲のエネルギーを集めるような力（重力）が作用する。わずかなエネルギー分布の揺らぎがきっかけとなって、エネルギーの塊である電子や陽子などの素粒子が集まり、物質密度の高い領域が形成される。こうして、銀河やさまざまな天体が誕生する。ほとんど一様だった空間に少しずつ天体が生まれる過程は、高温の水蒸気が冷えたとき、水分子が凝集して空中に浮遊する水滴を作り霧になるのと似ている[*9]。

*9　本書では省略したが、天体が形成されるほどのエネルギーが残留するためには、「反物質が消滅して物質が残る」という過程が本質的な役割を果たす。反物質が消滅した理由は、まだ解明されていない。

こうした凝集は、塵のように小さな物質塊から、超銀河構造と呼ばれる多数の銀河による構造に至るまで、大小さまざまなスケールで起きる。銀河は、当初小さな天体集団として生まれ、しだいに合体して巨大な銀河に成長する。これらの凝集体の中で、生命の発生と直接的に結びつくのが、恒星と惑星が作るシステム——「惑星系」である。

惑星系の形成

惑星系は、高温の恒星と低温の惑星という大きな温度差を持つ天体が近接することによって、エントロピーの局所的な減少を可能にするシステムである。惑星系がどのように作られたかを、簡単に示そう。

重力によって凝集するとき、すべての物質がまっすぐ1点に集まってくるわけではない。最初の位置や速度に応じて、少し方向がずれながら集まる。このため、鳴門の渦潮のように自然に渦巻を描くことになる。

物質同士は重力を及ぼし合って集まろうとするが、回転すると遠心力が生じるので、渦巻の回転軸に垂直な方向には物質が集まりにくい。その結果、回転軸に垂直な方向には広がり、平行な方向には重力で潰れ、扁平な円盤が形成される。これが、原始惑星系円盤である。円盤内部の物質は互いに衝突して運動エネルギーをやりとりしており、回転の勢いを失ったものは遠心力が弱まって中心部に落下する。この結果、中心部にあまり回転していない巨大な塊が形成され、その周囲に、扁平な円盤が整然とした流れを形作る。この流れの中で、重力によって少しずつ物質が集まり、惑星を形成する（**図 1.8**）。

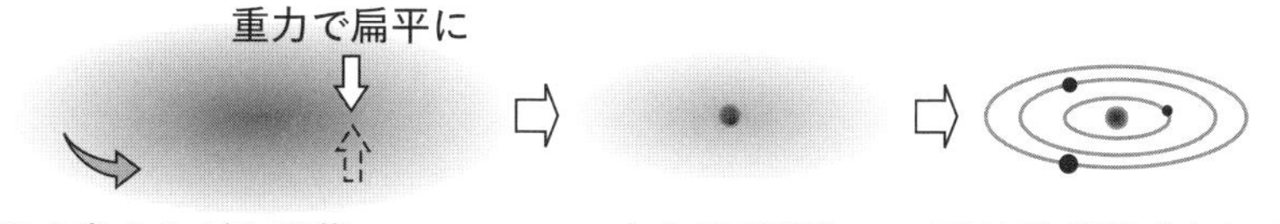

図 1.8: 惑星系の形成

ビッグバンから時間が経過するにつれて空間膨張によってエネルギー密

度と温度が下がり続け、惑星系が生まれる頃には、宇宙空間は絶対零度に近い極寒の世界となっている。ところが、物質が凝集することによって、新たな熱源が誕生する。それが、原始惑星系円盤の中心部に生まれる恒星である。

物質の構成要素となる電子や陽子は、ビッグバンのエネルギーが粒子の内部に閉じ込められた状態である。宇宙空間が膨張すると、ビッグバン直後に満ちあふれていたエネルギーの大部分は希薄になっていくが、電子や陽子は容易には壊れない粒子なので、その内部に閉じ込められたエネルギーは希薄化せず、質量という形で一定の値を保つ。

円盤中心部に形成される天体の内部では、強大な重力によって電子や陽子などがギュウギュウに押し込められる。このとき、電子と陽子は合体して、中性子と呼ばれる新しい素粒子を作る。2個の陽子と2個の中性子は（これまで言及しなかった核力という力で）互いに強く結合し、バラバラの電子・陽子よりも低いエネルギー状態を形作る。この結合状態がヘリウム原子核であり、結合過程は核融合と呼ばれる。ヘリウム原子核のエネルギーは、バラバラだったときの電子・陽子のエネルギーよりも小さいため、余ったエネルギーは外部に放出される。核融合で放出されたエネルギーによって高温になった天体が恒星であり、温度に応じて光を放ち始める。

一方、恒星周囲の円盤内部で形成された惑星は、恒星からの光に晒されても、周囲の宇宙空間が極低温で赤外線放射によって熱を失うため、あまり高温になれない。

このような過程を通じて、恒星と周囲の惑星という形で高温と低温の天体が近接するシステムが誕生、高温の恒星から低温の惑星に大量の光が流れ込む“熱の滝”が実現された。この流れが、局所的にエントロピーが減少することを可能にし、生命の誕生へとつながる。

生命誕生の環境が整う

重力によって物質が渦を巻きながら集まり、その結果として恒星を中心とする惑星系ができるまでの過程には、どこにも奇跡的な偶然が含まれない。20世紀前半には、惑星系が形成されるきっかけとして、確率的に起こりそうもない過程が想定されたこともあった。例えば、恒星のすぐ近くを別の天体が通過した際、その重力によって恒星から引き出された物質が惑星の起源になったというアイデアである。このアイデアが正しければ、惑星系を保有する恒星はごくまれになる。しかも、誕生した惑星は、円運動から大きく外れた長楕円の軌道を描くはずなので、公転の間に地表の気候が激変し、生命が繁栄することはありそうもない。だが、現実に起きたのは、宇宙の至る所で繰り返される平凡な過程だった。

ビッグバンが整然としたエネルギーの放出過程だとすると、宇宙空間はどこでも同じような状態なので、あちこちで数多くの惑星系が生まれる。天の川銀河には、少なくとも2000億個以上の恒星が存在するが、その多くが惑星を伴っていると推定される。天の川銀河以外の無数の銀河にも、やはり数多くの惑星系が形成されているだろう。

この推測が正しければ、宇宙では、高温の恒星から低温の惑星へと熱の流れが生じるシステムが、至る所に存在するはずである。

もちろん、すべての惑星が生命の誕生に適しているわけではない。まず、中心にある恒星がいくつかの条件を満たす必要がある。中心星の質量は、他の天体に比べて圧倒的に大きくなければならない。中心星に匹敵する質量の天体が近くにあると、その天体からの重力によって惑星の軌道が乱され、地表の環境が安定しないからである。多くの場合、惑星は軌道から弾き出されて、恒星に飲み込まれるか、宇宙空間を漂う漂流天体となるだろう。

恒星の質量には、生命の発生に適した範囲がある。あまりに質量の大きな恒星は、核融合が急速に進んできわめて高温になり、生命が進化する余裕がないほどの短期間（1千万年以下）で燃え尽きてしまう。ただし、もともと大質量星の割合は小さく、多くの恒星はもっと長寿命となる。

質量が小さすぎると、温度が低く光量も乏しい赤色矮星となる。銀河内部に存在する恒星のかなりの部分が赤色矮星だと推定されるが、暗くて観測が難しいため、天の川銀河内部ですら赤色矮星の個数は確定していない。

赤色矮星の周囲に存在する惑星の場合、地球と同程度の光を受け取るためには、恒星のごく近く、典型的には水星軌道よりも内側の軌道を回らなければならず、恒星表面で起きる爆発（フレア）の影響を受けやすい。フレアの際には大量の放射線が放出されるので、赤色矮星を回る惑星では、生命が誕生しにくく、誕生しても文明を持つ知的生命にまで進化するのは難しいかもしれない。

回り出す生命の風車

生命誕生の鍵を握るのは、惑星表面に液体の水が大量に溜まっている——すなわち、海が存在することである。幸い、ある惑星系に、少なくとも一時期、海を持つ惑星が存在する確率は、かなり高いと考えられる。

惑星系には、大量の水分子が存在する。水分子を構成する水素と酸素は、宇宙に存在する元素の中で１番目と３番目に多いので、この２つが結合した水分子が豊富に生成されるからである（2番目に多い元素は、分子を構成しないヘリウム）。恒星からの距離が大きいと水が氷結するため、水分子は巨大惑星（太陽系の場合は木星や土星）の核となって海を作らない。一方、恒星に近すぎると、水は蒸発して吹き飛ばされ、やはり海のない岩石惑星（太陽系の場合は水星と金星）になる。

それでは、海のある惑星はどうして形成されたのか？ おそらく、水を含む小天体が岩石惑星に衝突し、水を供給したのだろう。水分子は、スノーライン（惑星系で水が氷結する限界）の外側の小天体に多量に含まれる。惑星系が形成されたばかりの頃には、小天体と惑星が頻繁にぶつかっていたので、小天体の衝突による水の供給は自然に生じる。こうして、宇宙に存する惑星系の多くが、表面に海を湛えた惑星を含むことになる。

海の存在する（あるいは、かつて存在した）惑星がどれくらいあるか確定しているわけではないが、天の川銀河内部に少なくとも数百億個はあると推定される。宇宙全体では、想像を絶する数の惑星に海があり、中心の恒星から光を受けている。

恒星の内部では、長年月を経る間に、核融合が段階的に進行する。ヘリウムの核融合が起きると炭素や酸素が、炭素の核融合でさらに多くの元素が誕生する。こうした核融合によって生成された元素は、恒星が寿命を終えたときに宇宙空間に放出され、新たな天体が形成される際に取り込まれる。ビッグバンから間もない時期に誕生した天体は、ほとんど水素とヘリウムだけからできていたが、時間が経つにつれて、それ以外の元素の割合が増えてくる。

人類が棲息する惑星系は、今から46億年ほど前に形成されたが、この時期にはすでにさまざまな元素が合成されており、地球上にも、生命の元となった酸素・窒素・炭素、あるいは、ケイ素や鉄を含む岩石が多量にあった。プレートテクトニクスによる火山活動が盛んな惑星では、地中に存在した元素が火山噴火で地表に噴き上げられるため、海水中には多種類の元素が含まれる。

多くの元素を含む海に恒星からの光が降り注ぐと、きわめて多様な化学反応が引き起こされる。これが、生命の誕生につながる一連の過程の端緒である。生命の風車は、恒星が生み出す光の奔流によって回され始める。

分子が生み出す生命

生物の体は、エネルギー分布がひどく偏った状態にある。栄養を運ぶブドウ糖は多量の化学エネルギーを蓄積しているし、移動や運搬に利用される繊毛には運動エネルギーが集中する。エネルギー分布の偏りは、(第1章で論じたように)エントロピーが小さいことを意味する。原始惑星系円盤の内部で惑星が形成された当初、生体内部に見られるような複雑な偏りはなかったはずなので、何らかの物理的過程によって、エントロピーの局所的減少が実現したと考えられる。

恒星から惑星へと流れ込む膨大な光は、滝で落下する水のように、エントロピーが局所的に減少するために必要な条件を満たす。滝の場合には、大量の水が落下するのに伴って、岩棚などにぶつかった水滴が跳ね上がるが、この跳ね上がりが、「水は高所から低所へと流れる」という法則の例外事象となる。それでは、高温の熱源から低温の海に降り注ぐ光の流れが、「エントロピーは増大する」という法則の例外を生み出すのは、どのようなメカニズムによるのだろうか。これを説明するためには、水中における分子の反応について語らなければならない。鍵となるのは、量子論である。

素朴な原子論では理解できない世界

物理学に詳しくない人は、「物理法則に従っていたのでは、複雑な構造は生まれない」と感じるかもしれない。積み木は、人間が意図的に積み上げると形を持つ何かになるが、積み木セットを入れた箱を揺さぶり力学の法則だけを使って動かしても、意味のある形は作れない。それが物質世界の限界であり、物理法則に従わない意図的な介入がなければ、構造や秩序の形成が行われることはない——そう考える人もいるだろう。

しかし、実際には、物理法則だけで構造を作り上げることは可能である。それどころか、人間が作った工作物よりも遥かに複雑で巧妙な構造を持つものが、自然に形成され得る。物理法則が持つこうした性質が納得しにくいとすると、それは、発想が古代ギリシャ以来の素朴な原子論に染まっているからではないか。

素朴な原子論の源流として、しばしばデモクリトスの名が挙げられる。原典は残されておらず、後代の記述を元に推測するしかないが、おそらく、何もない真空中を原子が飛び回り、衝突して跳ね返ったり結合したりしながら、さまざまな物理現象を引き起こすという見方だろう。飛び回る原子がぶつかるだけならば、確かに、生命体のような複雑な構造が自然に生まれることはなさそうだ。

しかし、現実の物理世界は、デモクリトス流の素朴な原子論に従っていない。物質が原子から構成されることは事実だが、1個の原子がどのような状態にあるかを実験的に調べたところ、空中を飛び回るテニスボールなどとはまったく異なっていた。原子が内部にエネルギーを蓄えることは、多くの実験で確認されたが、そのエネルギーが、特定の値に制限されていたのである。テニスボールという巨視的な物体の内部には、温めたときの熱エネルギーなどが蓄えられ、その値は、どれだけ加熱したかに応じて任意の値になる。ところが、原子のエネルギーはそうではない。

原子の持つエネルギーは、何桁もの精度できっちりと決まっている。しかも、場所と時間によらない。天の川銀河から200万光年ほど離れた宇宙空間に、アンドロメダという巨大な渦巻銀河が漂っている。アンドロメダの物質も原子から構成されており、どんなエネルギーを持つかは、200万年掛けて地球までやってくる光を分光法という手法で分析することで調べられる（**図2.1**）。その結果、アンドロメダの原子は（誤差範囲内で）地球の原子と同じエネルギーを持つと判明した。

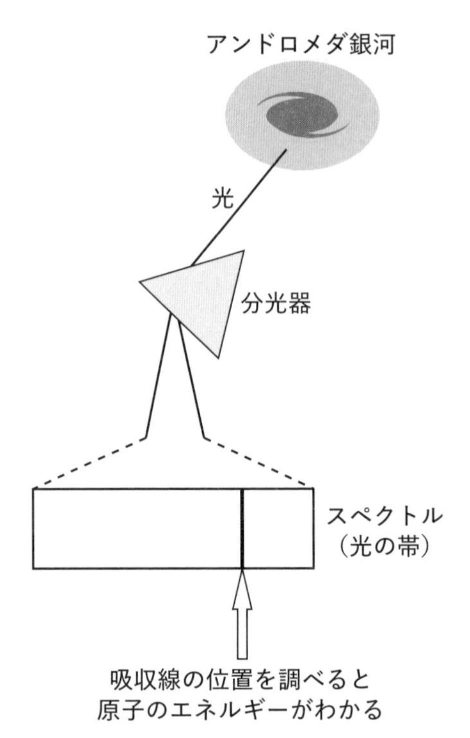

図 2.1: アンドロメダ銀河の原子

こうした実験事実から、原子のエネルギーは、ユニバーサル（＝普遍的、宇宙的）な物理法則によって値が決定されると考えられる。エネルギーを特定の値に制限するような構造が、原子内部に存在するのである。

原子が結合してできた分子になると、さらに仕組みが複雑になる。多くの原子が結合した巨大分子の場合、結合の仕方がわずかに異なる状態が何通りもあり、それぞれ内部に持つエネルギーの値が厳密に定まっている[*10]。外部からエネルギーが供給されると、分子は高いエネルギーを持つ状態へと遷移し、その後、外部にエネルギーを放出して低いエネルギー状態に移り変わる。どのように移り変わるかも、理論的にきちんと定まる。積み木やレゴなどとは比べものにならないような、精巧な仕組みである。

*10　並進や回転など、空間の中を動くことによる運動エネルギーは別にする。以後の議論で共鳴状態を論じるときには、粒子が静止した座標系から見る場合を想定し、運動エネルギーはゼロと仮定している。

原子や分子が内部に持つエネルギーが厳密に定まるのは、原子レベルでの現象を支配する物理法則が、素朴な原子論とは本質的に異なる物理学理論――量子論――に従うからである。世界の秩序は、ほぼすべて量子論的な効果によって形作られており、その仕組みの大枠は、すでに明らかになっている。

原子論から場の理論へ

量子論とは、ごく簡略化して言えば、原子スケールの物理現象が波のような振る舞いを示すという理論である。

波は、至る所で日常的に見られる現象である。水の表面を伝わるさざ波は、肉眼で確認できる。音波や地震波は、目には見えなくても大気や地面を伝わることが理解されており、音や揺れによってその影響が直接感じられる。これらの物理的な波は、何らかの媒質を振動が伝わってくるものである。

物理現象が波のように振る舞うとすると、「原子は真空中を飛び回る粒子だ」という素朴なイメージは成り立たない。これまで真空だと思っていた空間には、振動する何かがみっしりと詰まっていることになる。現代物理学では、この何かが（第1章でも触れた）「場」である。光を伝える電磁場については19世紀から知られていたが、20世紀に入って原子物理学が進展すると、原子を構成する電子やクォークなどの素粒子が、場に生起する波動現象であると判明した。原子が真空中を飛び回っているのではなく、場が振動し波として伝わることで、原子が関わるさまざまな現象が起きているのである。

現象の担い手として、原子ではなく場を想定する見方は、前近代では、むしろ主流となる自然観だった。古代ギリシャの場合、デモクリトスのような原子論者の方が異端であり、アリストテレスのような主流派は、自然界に真空は存在しないとする場の理論を支持していた。近代ヨーロッパでは、ニュートンによる力学理論が成功を収めて以降、いったん真空の存在を認める原子論が支配的になるが、現代になって、再び場の理論が盛り返したわけである。

電子は、まるで一定の質量を持つ粒子のように振る舞うが、これは、電子の場における振動が特定の共鳴状態を形成したからだと考えられる。

例えば、地震動はさまざまな振動数の波が地表を伝わってくる。いろいろな建物が並んでいる都市で地震が起きると、大きさや建築材によって共鳴（共振）しやすい振動数に差があるため、建物ごとに定まった振動数で揺れる（**図 2.2**）。電子の場でも同じような現象が起きる。場にエネルギーが注入されると、場は特定の振動数で振動する共鳴状態を形成する。建物が共鳴するときの振動数は大きさなどで決まるが、場では、場の種類（電子か他の素粒子か）に応じて共鳴振動数が決まる。このときの振動のエネルギーは、ある領域に閉じ込められ、外から見ると、共鳴振動数に応じた質量を持つ粒子のように見える。これが、電子などの素粒子がどれも同じ質量を持つ理由である。素粒子は場の共鳴状態であり、特定の値に定まった共鳴エネルギーは、エネルギー量子と呼ばれる[*11]。

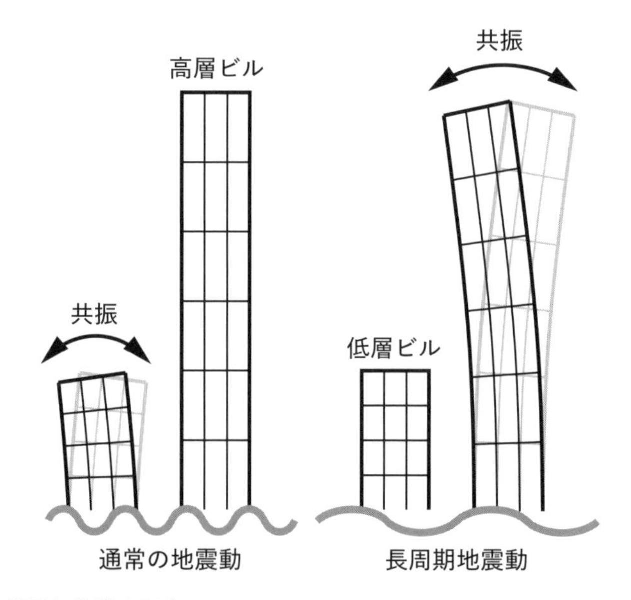

図 2.2: 地震に共鳴するビル

*11　エネルギー量子が特定の値に定まるためには、波が 3 次元空間内部に広がるのではなく、時空の各点において数学的に定義された“ 小さな空間 ”の内部に閉じ込められることが必要である。このメカニズムが場の量子論の肝なのだが、きわめて難解な専門的議論が必要となる。場の量子論については、第 8 章でごく簡単に解説する。

電子は、エネルギーの値がエネルギー量子という定まった値に制限されるため、あたかも一定の質量を持つ粒子であるかのように観測される。しかし、元々が波なので、ニュートン力学で扱われる粒子のように特定の道筋に沿って運動するのではなく、波としての性格を示しながら伝播する。しばしば「電子は波であると同時に粒子だ」といったわけのわからない説明がされるが、実際には、「波が粒子のように振る舞う」と言った方が正しい。
場を伝わる波動が、エネルギー量子というエネルギーの塊として粒子のように振る舞う過程は、「場の量子論」と呼ばれる理論によって記述される。場の量子論は、1920年代末に、それ以前に構築されていた量子力学を基に、パスクァル・ヨルダンやヴォルフガング・パウリらが提案した。ただし、物理学界に広く受け入れられるまでには時間が掛かり、あらゆる物理現象の基礎として認められたのは1970年代になってからである。

分子は精密機械

原子や分子のエネルギーが特定の値に定まることは、内部に含まれる電子の波動的な性質が表面化した結果である。
電子はマイナスの電荷を持つため、プラスの電荷を持つ原子核に引き寄せられる。電子の波は原子核周辺に制限され、言わば閉じ込められた波となる。波が閉じ込められるとどうなるかは、バスタブに入れた水を振動させるとわかる（**図2.3**）。バスタブの中に閉じ込められてどこにも進んでいけない波は、同じ場所で上がったり下がったりという上下動を繰り返す。このように、どこかに進むのではなく同じ場所で決まった振動を繰り返す波を、「定在波」という。原子核に引き寄せられた電子の波は、原子核の周囲で定在波を形作る。

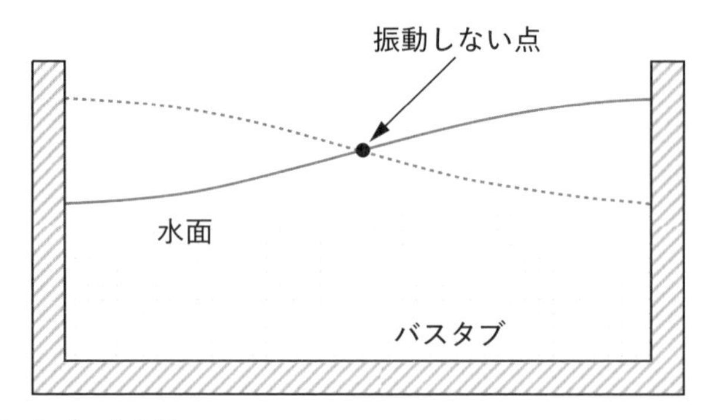

図 2.3: バスタブの定在波

定在波の波形や振動数がどうなるかは、状況に応じて異なる。1個の陽子と1個の電子から構成される水素原子の場合、質量が電子の1800倍もある陽子はほとんど粒子のように振る舞い、軽くて素早く動く電子は、陽子を中心とする定在波を形成する[*12]。定在波の波形には多くのパターンかあるが、エネルギーが最小となるケースでは、陽子が存在する中心部が最も大きく振動し、中心から離れるにつれて振幅が小さくなるような波が生じる。

重要なのは、こうした定在波が、外部から手を加えなくても自律的に形成されることである。先に、電子のような素粒子を説明するのに、ビルが地震波に共鳴するイメージを挙げたが、同じことが、原子や分子のエネルギーにも当てはまる。1個の原子核の周囲に電子が存在する原子も、量子論的な共鳴状態であり、そのエネルギーは、共鳴条件から定まる特定の値になる。これもエネルギー量子の一種だが、電子のエネルギー量子が理論的に計算できない[*13]のに対して、原子の場合は、電気素量（陽子や電子の電荷の大きさ）や電子の質量などの普遍的な物理定数を使って数値的に求めら

*12　電子の状態を記述する際には、近似的に電子を粒子と見なし、その位置を確率的に表す波動関数を利用することが多い。1926年にエルヴィン・シュレディンガーが波動関数を用いた理論を発表したとき、彼は、波動関数が電子そのものを表すと誤解したため、ヴェルナー・ハイゼンベルクに厳しく批判されたが、電子が波のように振る舞うという考え方自体は正しかった。

*13　素粒子のエネルギー量子を計算する際には、無限小となる極限領域での場の振動を完全に求めなければならないが、こうした計算は現実には不可能である。物理学者にできるのは、計算すべき部分の値を実験データで置き換えるという便宜的な手法で、実験条件を変えたときの応答が近似的に求められる。このやり方は、「くりこみの処方箋」と呼ばれる。

れる。

共鳴状態として自律的に形成される定在波は、いくつかの原子が結合した分子にも生じている。例えば、6個の炭素原子と6個の水素原子が結合したベンゼン分子では、炭素原子が正六角形の頂点の位置に正しく配列しているが、こうした幾何学的な構造も、定在波が生じることで自然に実現される。見た目にも美しい雪の結晶や、古い梅干しの壺などで見られる直方体の形状をした食塩（塩化ナトリウム）の結晶など、身の回りで観察される幾何学的な秩序は、ほぼすべて原子・分子のスケールで生じる定在波に起因する。

定在波が形成され安定な状態に達した分子は、特定の波形と決まった値のエネルギーを持つ。電磁波などを介して外部とエネルギーのやり取りをすると、異なるエネルギー状態に遷移するが、エネルギーの値や定在波のパターンが決まっているため、その動きは厳密に制御されたものとなる。水の融点と（1気圧での）沸点が、それぞれ摂氏零度と100度という定数であるのは、水分子同士が結合したときのエネルギーが定まっているからである。

生物の体内では、エネルギーの受け渡しを通じて、生化学反応を担う分子が精密機械のように機能する。その精度は、人間の工作物など到底及ばない。人間の網膜にはロドプシンという光受容タンパク質があり、そこに含まれるレチナールという部位は、ある波長の光子を吸収すると定在波の波形が変化し、折れ曲がったシス構造がまっすぐに伸びたトランス構造に変わる（**図2.4**）。この構造変化に起因するシグナルが神経細胞に伝えられることで視神経が興奮し、視覚が生じる。光子1個を知覚できるという精妙な仕組みは、分子レベルの微細な変化によって実現されるのである。

人間の技術では、工業的応用のための部品として、分子を設計・製造することは難しい。通常の工作法によって製造できる工業用ツールは、せいぜいサブミリ・スケールである。現時点で世界最小の歯車は、直径0.5ミリほど。半導体加工で使われる光学処理の技術を用いれば、サブミクロン（1000分の1ミリ以下）スケールでの細工も可能だが、技術的応用はLSIの製造などに限られる。

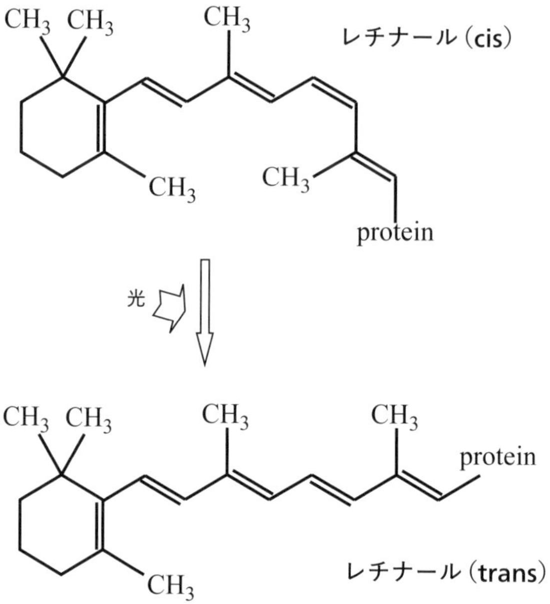

図 2.4: 光受容タンパク質

ところが、自然界では、核酸やタンパク質などの高分子が、生物の活動を支える機能的なツールとしてふんだんに利用されている。1個1個の分子をツールとするシステムは、どうすれば利用可能になるのだろうか。

液体が生命活動を可能にする

分子が精密機械のように機能するためには、分子同士が接触したり離れたりする自由度が必要となる。固体の内部では、分子を機敏に動かすのが困難である。また、1個1個の分子が飛び回る気体になると、多少は化学反応が起きるものの、分子同士が接触する確率が低く、精妙な機能を実現する反応は進行しにくい。生命活動が実現されるためには、反応を起こす分子の濃度がある程度以上の液体が必要である。

液体とは、分子同士の間隔が充分に小さいものの、固く結合することなく自由に動ける状態である。分子は、互いに引力を及ぼしながら接近するが、相互の位置が固定されない程度の熱エネルギーを持つ。温度が高ければ気体になり、低ければ固体になるのが一般的であり、液体は、気体と固体の中間的な状態である。

宇宙空間に液体はほとんどない。物質は、ガス状（気体あるいは電離したプラズマ状態）か固体状態になるのが普通である。水やメタンのある惑星が恒星と適度な距離に位置し、これらの分子が溶融状態にはなるが完全に蒸発することのない温度に保たれて、はじめて液体の持続的な存在が可能になる。

液体の溶媒（主たる液体成分）としては、生命に有用な化学反応を進行させる上で水（H_2O）が好ましい。その理由は、水分子が「くの字」型に折れ曲がることで、プラスに帯電した水素原子とマイナスに帯電した酸素原子が空間的に離れた状態になるから（**図 2.5**）。溶媒となる液体の分子で電荷が分離していると、液体に溶けた分子と溶媒分子が電気的な相互作用をするため、分子が集合したときに特定の形態を生み出す傾向がある。

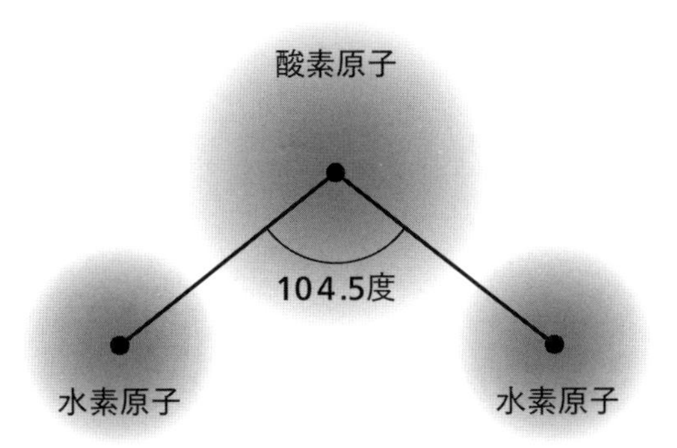

図 2.5: 水分子の構造

例えば、脂質分子は、細長く伸びた一方の端が水分子と反発し他方の端が引き合うため、大量の脂質が溶け込んだ水中では、反発し合う側が内側になるような二重の層構造を持つ膜となる（**図 2.6**）。この膜は安定性が高く、どこかに穴が開いても、再び脂質分子が集まって閉じた膜となる。こうした安定な膜構造は、細胞膜を構成して生命活動にきわめて重要な役割を果たす。生化学的に重要な役割を果たす高分子は、多くの場合、閉じた膜の内側で機能を実現する。脂質分子の膜を貫いた状態で働くタンパク質もある。

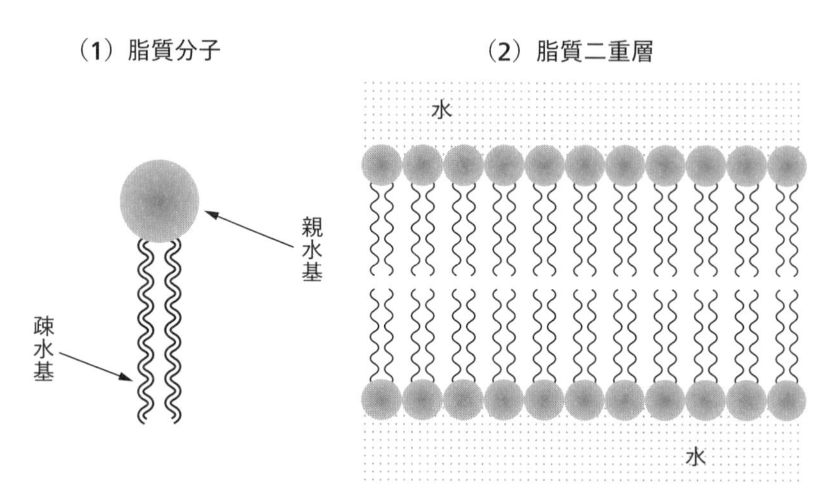

図 2.6: 脂質二重層

タンパク質分子は、アミノ酸が鎖状に長くつながった形をしているが、水中では、水分子と相互作用しながら鎖が折り畳まれたような構造となる。折り畳まれ方は量子論的な効果によって規定され、それぞれの構造ごとに定まったエネルギーを持つ。酵素などの生体高分子は、折り畳まれたときに外側に位置する部位が特定の分子と選択的に結合することで機能する。こうした機能は結合する分子の濃度が臨界値を超えたときにだけ実現されるため、化学反応を精密に調整することが可能になる。

エントロピーが減少するメカニズム

滝壺で水滴が跳ね返って上昇し、あたかも「水は高いところから低いところへ流れる」という法則が破れたように見えるのは、大量の水が落下する過程に随伴した出来事だからである。水の流れ全体を見ると、物理法則が破れているわけではない。

これと同じように、高温の恒星から低温の海に大量の光が流れ込む場合、随伴する過程として、分子が高エネルギー状態に次々と押し上げられる。これが、惑星表面でエントロピーが減少するように見える原因である。

恒星からやってくる光は、量子論的な効果によって、光子というエネルギーの塊（エネルギー量子）となる。先に述べたように、「温度が高い」とは、高いエネルギーを持つ構成要素（原子や分子など）の割合が高いことを意味する。恒星の表面はきわめて温度が高いので、放出される光には多くの高エネルギー光子が含まれる。

こうした高エネルギー光子が、惑星表面の海水中にある分子に吸収されたとしよう。低温環境では、通常、高エネルギー状態の分子がほとんどないため、光子を吸収してエネルギーの高い状態に遷移した分子の存在は、エネルギーの分布がひどく偏ったことに相当する。高エネルギー状態への遷移だけに注目すると、エントロピーが減少したように見える。

もっとも、高エネルギー状態にとどまるのが一瞬ならば、その瞬間だけエネルギー分布が揺らいだに過ぎない。長期にわたってエントロピーが減少し続けるかのような傾向が現れるのは、ある程度の期間、高エネルギー状態が維持される場合である。

ここで重要なのが、分子が存在する海が光源となる恒星よりも遙かに低温であること。地球の場合、太陽の表面温度が絶対温度で5800度なのに対して、中緯度地方の海面水温は絶対温度300度弱（摂氏10～20度）しかない。内部に核融合燃料を抱える恒星と異なり、惑星にはほとんど熱源がなく、恒星からの光で多少暖められても、絶対零度近くまで冷え切った周囲の宇宙空間に赤外線が放射されて熱を失うからである。

話を簡単にするため、分子の低エネルギー状態と高エネルギー状態の間に、エネルギー障壁があるケースに限定して説明しよう。この場合、異なるエネルギー状態への遷移は、図のように単純化して表すことができる（**図2.7**。分子を球で表しており、縦軸が分子の持つエネルギー。横の広がりは変化を見やすくするためのもの）。

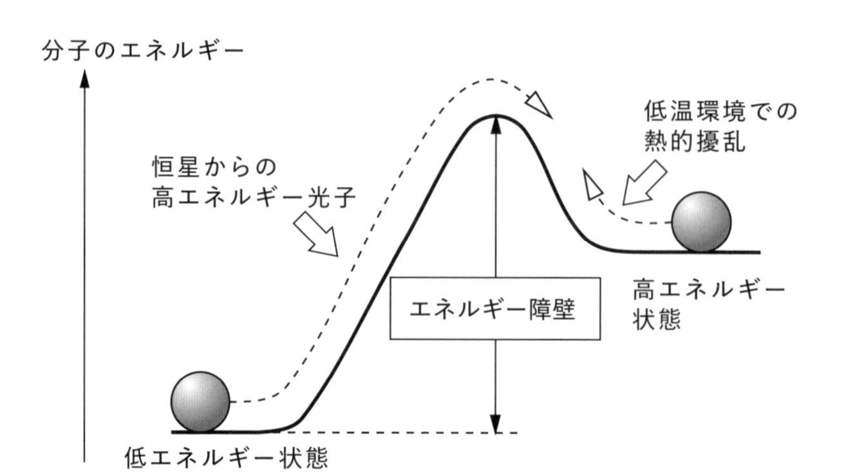

図 2.7: エネルギー状態の遷移

高温の恒星から飛来する光子は、大きなエネルギーの塊が多い。これが海水中の分子に吸収されると、一気に高いエネルギー状態へと遷移させることができる。ひとたび高エネルギー状態になったとき、その特別な分子に恒星からの光子がぶつかる確率はきわめて低いので、光によって状態遷移が続くことはほとんどない。周囲の水が高温ならば、ぶつかってくる水分子によって高エネルギー状態からはじき出され、低エネルギー状態へと戻ることもあり得る。しかし、水が冷たいために周囲から供給されるエネルギーは小さい。このため、超えなければならないエネルギー障壁があると、なかなか高エネルギー状態を脱することができない。こうして、高エネルギー状態にしばらくとどまることが起こり得る。

瀑布の水が岩棚に当たって跳ね返っても、すぐに放物線を描いて落下する。しかし、恒星からの光の奔流が冷たい海水中の分子に吸収されると、あたかも飛び上がった水滴が空中にとどまるかのように、高エネルギー状態が維持される。状態が維持されている間に他の分子が接近すると、そこから新たな化学変化が始まることもある。

少し特殊な例ではあるが、光合成を考えていただきたい。太陽からの光を吸収した葉緑素が高エネルギー状態を維持しながら移動し、別のタンパク質に接触して高エネルギー状態に押し上げる。こうした反応が連鎖的に続き、最終的には、筋肉を収縮させたり生合成が行われたりして、最初に吸収した光エネルギーが消費される。

高エネルギー状態が維持されるのは、それが量子効果が生み出した共鳴状態だと考えるとわかりやすい。こうした共鳴状態は、長周期地震動に共鳴したビルが長く揺れ続けるのと同じように、かなりの長時間にわたって存続できる。高温の恒星からの光が低温の海に降り注ぐという宇宙規模の出来事と、海水中で反応を起こす物質が量子論に従うという原子スケールの法則が結びついて、エントロピーが局所的に減少する過程を可能にするのである。

化学進化の条件

前節の説明では、葉緑素などの生命活動に必要な分子が、あらかじめ用意されているケースを想定した。しかし、こうした分子は最初から宇宙に存在したわけではなく、惑星史のある時点で合成されたものである。

残念ながら、生物が利用する高分子がどのようにして地上に現れたかは、ほとんどわかっていない。話の筋道としては、恒星からの光で誕生した分子の中で安定なものが蓄積され、これらが連鎖的に化学反応を繰り返した結果として、しだいに複雑な分子が作られていったと推測される。こうした複雑化の過程は、「化学進化」と呼ばれる。しかし、具体的にどんな過程を経て化学進化が起きたかは、いまだ充分に解明されていない。

明らかなのは、こうした過程が進行する際にも、惑星の海が低温であることが決定的な重要性を持つ点だろう。あまりに温度が高いと、熱分解が起きて新たな化学物質が蓄積されない。温度が低いことにより、しだいに化学物質が蓄積され、さらなる化学反応が進行できる。

生物で利用される化学物質の多くは、分子量（大雑把に言えば、分子の重さが水素原子の何倍かという量）がきわめて大きい高分子である。タンパク質は分子量が数千から十数万、核酸の場合はさらに巨大で、ヒトDNAの全体で2兆ほどになる。

ただし、こうした高分子も、通常は、基本ユニットがいくつも連結したものと見なすことができる。地球の生物が利用するタンパク質は20種類のアミノ酸が、DNAは4種類の塩基（A,T,G,C）のいずれかを含むヌクレオチドが、それぞれ鎖状につながったものである。脂質の場合、脂質分子1個の分子量は数百から数千程度だが、多数集まって膜構造を形成することができる。

例えば、ヒト赤血球の主要タンパク質であるヒトヘモグロビンは、αとβという2種類のサブユニット（分子量約16000）が2つずつ結合した4量体で、各サブユニットは、鉄を含有するヘムとアミノ酸がつながったグロビンから構成される（**図2.8**）。アミノ酸配列（並び順）についてはデータベースが公開されており、αサブユニットのグロビンであるαグロビンの場合、端からバリン-ロイシン-セリン-…と、141個のアミノ酸が1次元的に並んでいる。

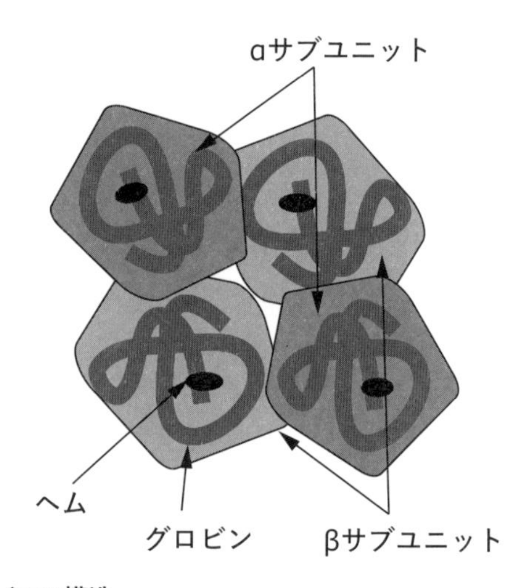

図2.8: ヘモグロビンの構造

ヌクレオチドは、4種類の塩基と糖（デオキシリボース）、リン酸が結合したもの。DNAは、重合反応によってヌクレオチドの鎖2本が結合し、二重らせん構造を形作っている。

アミノ酸や塩基は、隕石内部から発見されたこともあり、生物を介さない化学反応で生成できる。生命誕生以前、非生物的に生成されたアミノ酸や塩基が海水中に存在しており、光エネルギーの供給を受けて化学反応を繰り返しながら、しだいに複雑な化学物質を作り上げていったのだろう。

自己複製するシステム

生命誕生に至る歴史において最も決定的な役割を果たしたのは、自己複製機能を持つ生合成システムの登場だろう。ある分子を合成するシステムが、同時に自分自身をコピーして増やせるのならば、分子の合成量が急激に増大することは、想像に難くない。

地球上の生物において、自己複製機能を持つ合成システムの要となるのが、核酸である。生命誕生の時期にはRNAの方が重要だったと考えられるが、ここでは、タンパク質合成や自己複製のメカニズムが高校生物の教科書で詳しく解説されている、DNAを例にして説明する。

タンパク質を合成するシステムの場合、DNAの2本鎖における塩基の配列が、どんな順番でアミノ酸を結合させれば良いかを記した指示書となる。合成を行うのに必要なツール（RNAポリメラーゼなどの酵素や、タンパク質とRNAが結合したリボソームのような細胞内器官）が用意されていれば、これらのツールが自動的に塩基配列を読み出し、そこで指示されたタンパク質の合成を行う。

生合成の指示書として機能する一方で、DNAは自分自身をコピーすることもできる。2本鎖が結合する際には、必ずAとT、GとCがペアになる。このため、2本鎖をバラバラにし、うち1本の鎖のAとT、GとCを入れ替えた鎖を合成して結合させれば、元のDNAと完全に同じ構造の分子ができあがる。こうしたDNAの複製は、細胞分裂の際にDNAポリメラーゼなどの酵素を利用して実行される。

ここで重要なのは、RNAポリメラーゼなどのツールを合成するための指示書も、DNAの塩基配列にコードされている点である。したがって、合成の指示書となるDNA、稼働し始めるのに必要な最低限のツール、合成原料となる分子などが用意されていれば、このシステムは、生命活動に必要な物資を作りながら、自分自身をコピーして増殖することができる。

もし、DNAの塩基配列が常に不変ではなく、コピーミスのような偶然の事象を通じて少しずつ変異するならば、合成する分子の種類が増えるなど、システムの機能が向上することも起こる。このため、生命誕生以前に、まったくの偶然によって自己複製可能な生合成システムのひな形ができたとすると、このシステムが変異を重ね、自然選択などの過程[14]を経て、現在の複雑なシステムへと進化することは不可能でない。

生命はいかにして誕生したか

ビッグバン直後の宇宙空間には、ほとんど水素とヘリウムしかなかったが、その後、恒星内部で核融合が進行し、酸素・窒素・炭素などの元素が作られた。恒星の寿命が尽きると、これらの元素が放出され化学変化に関与する。水（H_2O）や一酸化炭素（CO）、アンモニア（NH_3）、メタン（CH_4）などの比較的単純な分子は、宇宙空間でも生成可能であり、銀河内部のガス雲に存在することが観測で確かめられている。

もう少し複雑な分子は、化学反応が何段階にもわたって連鎖的に起きるような環境で合成される。特に、液体の水が存在する惑星上で、さまざまな分子が溶け込んだ水に恒星からの光が差し込むと、高エネルギー光子が任意の分子に大きなエネルギーをまとめて供給するため、光のない水中では起こり得ない化学反応も進行する。しかも、水自体は低温であるため、新たに生成された化学物質はすぐに熱分解せずに保持され、次の段階の反応を可能にする。こうして、複雑な分子が少しずつ増えていく。

惑星が形成された直後は、多数の微惑星（惑星にまで成長しきれなかった小さな天体）が次々とぶつかって運動エネルギーを供給したため、地表は高温状態にあった。赤外線の形で熱が宇宙空間に放出され海水が低温になると、ようやく、恒星からの光が引き起こす化学変化で生じた分子が、海水中に蓄積され始める。

化学反応を促進するエネルギーの源としては、光のほかにも、雷などの気象現象、海底の火山活動による熱水噴出、あるいは、隕石の衝突などが考えられる。ただし、数億年以上の長期にわたって継続的に機能し続けるのは、恒星からの光だけだろう。

生体分子が形作られる上で大きな役割を果たすのが、鎖状の構造を作り

*14 木村資生は、分子の変異に基づくタンパク質の進化は、生存に必ずしも有利とは限らず、中立的な場合が多いと論じた。これを、「分子進化の中立説」と言い、有利なものが選択されるというダーウィン流の自然選択説と併せて、現代的な進化学説を構成する。木村資生・向井輝美著『分子進化の中立説』（日下部真一訳、紀伊国屋書店）などを参照。

やすいという炭素の性質である。エネルギーの供給が続くと、比較的長く安定状態を保つ炭素化合物同士が反応し、しだいに炭素鎖が長く伸び巨大な分子へと成長していく。そうした中で、ペプチド鎖やヌクレオチド鎖の組み合わせによっては、特定のタンパク質を合成したり自分自身をコピーしたりすることが可能になる。偶然に生まれたこうしたシステムが化学進化を遂げて、生命誕生に至ったのだろう。

こうしたシステムが作り上げられるまでには、膨大なトライアル・アンド・エラーが必要だったはずである。それでは、このトライアル・アンド・エラーの積み重ねによって生命誕生に到達できる確率は、宇宙の規模や寿命を考慮したとき、充分に高いと言えるのだろうか？

これについては、続く第３章で論じるが、その前に考えておいていただきたい問いがある。「なぜ宇宙は巨大で、原子は小さいのか」――この問いにはまともな答えがないと思われるかもしれないが、実は、科学的な正解がある。

第3章

宇宙の息吹

「自己複製できる生合成システム」がまったくの偶然で作り出されたとは、到底信じがたい奇跡的なことに思われるかもしれない。そこで知ってほしいのが、宇宙と原子のスケールの間にあるとてつもない格差である。この格差があるからこそ、どうやって作られたか人間の頭脳では理解しきれないような複雑精妙なシステムが、偶然の過程を通じて実現され得たのである。

宇宙の巨大さ

「宇宙は巨大で、原子は小さい」という当たり前の事実について、多くの人はあまり深く考えないようだ。しかし、その大きさと小ささが、ともに人間の想像を絶するスケールであることは、きちんと把握してほしい。

古代の人類は、宇宙の巨大さを認識していなかった。太陽や月は、大地から数キロメートルの距離にあると考える人が少なくなかった。コペルニクスの時代になると、太陽系の広がりはかなり正確に測定できるようになったものの、恒星までの距離はまったくつかめていなかった。地動説が誤りだと考えられた主要な根拠は、恒星の年周視差が観測されなかったことである。年周視差とは、地球の公転によって1年間で恒星の見える方向が変化することで、最大でも角度にして0.7秒程度にしかならない（**図3.1**）。「恒星が信じがたいほど遠方にある」と仮定しない限り、この観測事実を地動説で説明することはできない。

宇宙が文字通り“途方もなく”巨大なことは、地球を基準にして他の天体の大きさを考えると、わかりやすい。

地球の直径は、1万キロメートルである（正確には12700kmあまりで、極方向と赤道面とで40kmほど異なるが、ここでの議論は概数で充分である）。したがって、縮尺1000万分の1の模型にすると、直径1メートルの地球儀となる。一般に大気圏と言われる地表から100キロ以下の層は、この地球儀で言えば厚さ1センチしかない。国際宇宙ステーションISSは、地球儀の表面から4センチ付近を周回しているので、宇宙空間と言うよりは地表すれすれの所を飛んでいると言った方が適切である。

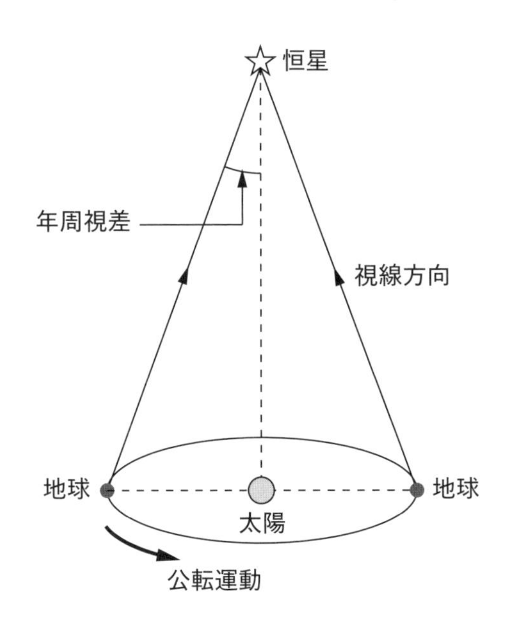

図 3.1: 年周視差

太陽は地球よりも遥かに巨大で、直径100万キロ（1392000km）に及ぶ。縮尺1000万分の1の模型で言えば、直径100メートルの太陽から15キロ離れた地点に、直径1メートルの地球が回っている。

この数字を見ただけで宇宙は広いと驚嘆するかもしれないが、まだ序の口である。太陽に最も近い恒星はケンタウルス座プロキシマで、太陽から4.2光年の距離にある。1光年は9.5兆キロなので、プロキシマまでの距離は40兆キロ。1000万分の1の縮尺では400万キロとなり、地球を数百個並べたくらいのスペースがないと、太陽の近隣恒星まで含む模型が設置できない。

天の川銀河の差し渡しは10万光年に達するので、同じ縮尺の銀河模型は、海王星の外側にあるカイパーベルトを遥かに超えるスケールになってしまい、1000万分の1に縮小しても大きさがイメージできない。

人間からすると途方もなく巨大な天の川銀河ですら、全宇宙からするとちっぽけな天体である。200万光年彼方には巨大なアンドロメダ銀河が存在しており、天の川銀河を含む数十個の銀河（その多くは、大小のマゼラン雲など矮小銀河と呼ばれる小さな銀河）とともに局所銀河群を構成する。この銀河群は、銀河の集団としては小ぶりな方である。太陽系から6000万光年ほどの距離には、数千個の銀河を含むおとめ座銀河団がある。理論的に光が伝わる可能性のある領域に含まれる銀河の総数は、少なく見積もっても数千億個、光より速いスピードで遠ざかりつつあるため決して観測できない領域まで含めようとしても、全貌がどうなっているか想像することすら難しい。

原子の小ささ

古代の原子論者には、空気中に浮遊する小さな埃が原子だと考える者もいたが、現実の原子は、人間の想像力が及びもつかないほど小さい。

原子は、（第2章ですでに述べたように）中心にあるずっしりと重い原子核と、軽くて素早く動き回る複数の電子から構成されており、その大きさは、電子が自由に動き回れる範囲と考えて良い。宇宙に最も多量に存在する水素原子の場合、差し渡しはおよそ100億分の1メートルしかない。

液体や固体の物質は、原子が複数個結合した分子や、幾何学的な配列で並んだ結晶から作られる。液体の水では、2個の水素原子（H）と1個の酸素原子（O）が結合した水分子（H_2O）が、密集状態で動き回っている。コップ一杯の水（180グラム）に含まれる水分子の個数は、100億の100億倍の6万倍（アボガドロ定数の10倍）に達する[*15]。

人間のスケールから見ると、ほんの少しの物質内部に、桁外れに小さい原子が途方もなくたくさん存在する。これらの原子が多種多様な化学反応を起こすことで、生命の誕生に至る進化が生じたのである。

化学反応と言えば、中学や高校の授業で試験管を用いて行うというイメージがあるかもしれない。そんな単純な現象が、生命を実現するとは信じられないだろう。しかし、思い出していただきたい。1個の分子ですら、時計仕掛けより遥かに高性能の精密機械なのである。まして、個数が20桁以上になる分子が組織化されている生物体は、もはや人間の理解力を超える。

宇宙と原子の狭間

宇宙のスケールは、人間から見ると桁外れに巨大である。ビッグバンによって大量のエネルギーが放出され、空間にはほぼ一定のエネルギーが瀰漫したが、自然界で厳密な一定性を保つのは難しい。ほんのわずかな揺らぎが存在したため、エネルギー密度の高いところに引っ張り込む重力が作用し、さまざまな天体が形成されていった。その際、もともとのスケールが巨大だったため、その揺らぎによって生まれた天体もまた、人間の尺度とは比較を絶するほど巨大になった。こうして、巨大な恒星から莫大な量の光が、やはり巨大な惑星に流れ込む。

惑星表面に海が存在する場合は、そこに湛えられる水の量も大量である。ビッグバン直後には水素とヘリウムしかなかった宇宙にも、恒星内部で進行した核融合によってさまざまな元素が生まれており、惑星の海には、炭素・窒素・酸素などの元素が溶け込んでいた。宇宙空間に熱が逃げるため低温状態になっていた海に、高温の恒星からエネルギーの塊である高エネルギー光子が降り注ぐと、低温では起こり得ないような化学反応が次々と

*15　100億は、1の後に0が10個並んだ数で、切りが良いので巨大数を言い表すのに用いることが多い。アボガドロ定数は6かける10の23乗だが、10の20乗は1の後に0が20個並んだ数なので100億の100億倍、これに、6の後に0が3つ並んだ6千をかけて得られる。

進行する。

このとき、宇宙と原子のスケールの格差が重大な意味を持つ。恒星という宇宙的なスケールの光源からやってくる光子の数は、きわめて膨大である。現在の地球の場合、90パーセント強の光子が大気に吸収されるとしても、赤道付近に到達する光子数は、1平方センチあたり毎秒1京個以上になる。その大部分（と言うよりほぼすべて）は水を温めるだけだが、ごくごく一部の光子が水以外の原子や分子に吸収され、場合によっては化学反応を引き起こす。

海水中の原子数も、また膨大である。地球の海に金はほとんど溶けておらず、海水1トン中に金は1ミリグラム程度しか含まれていない。それでも、海水1滴の中に金の原子が千億個以上も存在する計算になる。その他の原子も、個数で言えばきわめて多い。そこに次々と光子がやってきてエネルギーを供給するため、さまざまな反応が起こり得る。

もし、複数の原子が化学反応をする際、IT機器の接続端子のように、特定の向きに適切な力ではめ込まなければ結合できないのならば、複雑な化合物はなかなか生成されないだろう。しかし、（すでに述べたように）電子などの素粒子は波として振る舞う。エネルギーを吸収した電子が波として広がった後、安定な結合状態へと到達するので、反応は速やかに進行する。量子論の計算では、しばしば反応が一瞬のうちに起きるものと見なす。

複数の原子が含まれる分子においても、原子の相対的な位置が決まるのに時間は掛からない。太鼓を強く叩いたときの変化を高速度撮影で見ると、太鼓の皮が複雑な波形を描きながら、最終的には、安定した固有振動の波形に落ち着く。おそらく、エネルギーを供給された分子が構造を変える過程でも、それと同じように、電子の波が複雑な波形を描き、それぞれの原子（原子核とその近傍にある電子の集団）が位置を変えながら、安定状態へと速やかに移行するのだろう。

星から惑星に至る膨大な光の流れがあったとしても、もし海のある惑星が宇宙に1つしか存在しなければ、果たして生命が誕生したかどうかおぼつかない。だが、現実の宇宙には、無数とも言える数の惑星が存在する。これは、ビッグバンが整然とした過程であり、宇宙空間のどこもかしこも同じような状況にあったため、あちこちで次々と原子惑星系円盤が形成されたからである。

われわれが住む天の川銀河には、数千億個の恒星が存在しており、その多くが複数の惑星を持つと推定される。天の川銀河の外には、何十億もの銀河が観測されており、観測されない銀河の総数は、それより桁違いに多い。したがって、宇宙全体で見た場合、海の環境には充分な多様性がある。恒星からの光のスペクトル（波長ごとの光の強度）、海水中の元素組成、季節変化のパターンなど、さまざまなヴァリエーションがあり得る。多種多様な海に高エネルギー光子を含む光が降り注ぎ続けると、環境によって異なる反応が生起するはずである。そうした無数の反応の中には、少しずつ壊れにくい分子を蓄積していくケースもあるだろう。他の分子を生成したり、自分自身を複製したりする分子が生まれ、さらに、これらの機能を併せ持つ分子も、無数の反応が積み重ねる中で、偶然に合成されることもあり得る。そうした積み重ねの最終段階として、自己複製できる生合成システムが登場したと考えられる。

宇宙における人間の位置

知的生命に至る進化と言うと、悠久の時間が流れる間に少しずつ分子が複雑化し、単細胞生物、多細胞生物と段階的に進化する過程を思い描くかもしれない。確かに、時間に余裕があることは重要である。しかし、進化を考える際に本質的な重要性を持つのは、時間の長さよりも、空間の広大さである。このことは、人間が宇宙においてどのような位置に存在するかを考えると、理解できるだろう。

空間的には、人間は、決して特殊ではない平均的な位置に置かれている。太陽系があるのは、比較的おとなしめの巨大な棒渦巻銀河である天の川銀河のディスク（円盤）内部、腕と呼ばれる渦を描くように見える部分に位置する（**図 3.2**）。

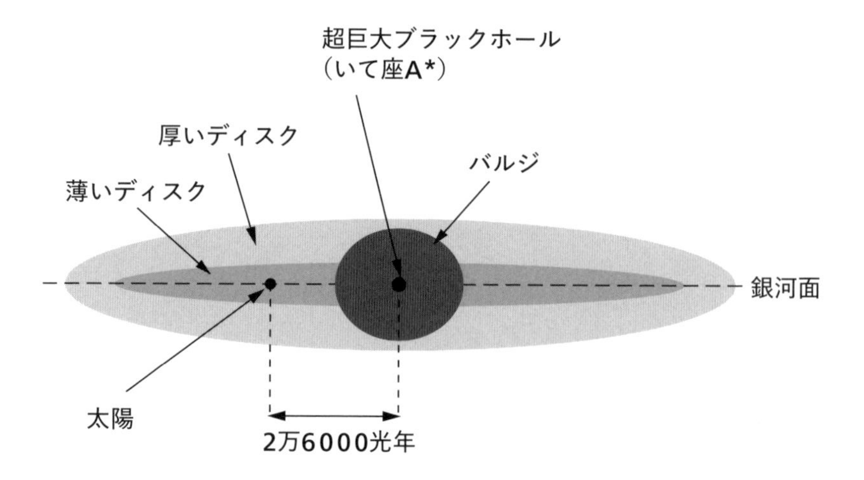

図 3.2: 天の川銀河の構造

ビッグバンから百数十億年が経過した現在では、小さな銀河の合体が続いて巨大銀河の割合が高くなっており、人類が巨大銀河内部にいるのは、特殊なケースではない。また、銀河の中心部は、超巨大ブラックホールのせいで強力な放射線が飛び交っており、生物の生存が困難なので、多くの生命は銀河の周辺部で誕生すると考えられる。

楕円銀河で星形成があまり行われないのに対して、渦巻銀河のディスクの部分では新しい恒星の形成が続いており、多くの惑星系で生命が誕生し進化途上にあるだろう。現時点では、宇宙で繁栄している生物のかなりの割合が、渦巻銀河の腕付近にいるはずだ。

人間は、宇宙空間の中で見ると、生物としてはごくありきたりの場所に生息しているわけである。

空間的な位置は平凡だが、ビッグバンから百数十億年という現在の時間的位置は、かなり特殊である。百数十億年は、宇宙の時間スケールからするときわめて短く、ビッグバンの直後と言うべきである。その一方、天文学的な時間スケールで見ると、この時間は恒星の寿命と同程度である。宇宙にとってはきわめて短いが、恒星にとってはそこそこの時間が経過したこの時期に、なぜ人間が存在するのか。その理由を考えてほしい。

宇宙は老いつつある

恒星は渦巻銀河のディスク内部で多く作られるが、星の原料となる低温のガスは有限である。周辺の矮小銀河を吸収すると、一時的に原料が得られて星形成が活発になるものの、一般に銀河が年老いるにつれて星形成率は低下する。特に、巨大銀河同士が合体すると、星の揺り籠となるディスク部分が吹き飛ばされ、ほとんど星を作らない楕円銀河となる。

恒星の寿命は、その質量によってほぼ決定される。太陽と同程度の質量を持つ恒星（G型主系列星）の寿命は約百億年。太陽は、生まれて46億年が経過した、まだまだ元気な中年の恒星である。ただし、あと20億年も経過すると、核融合の効率がアップして光量が増加するため、地球は海が蒸発した死の世界となる。

星形成率は、矮小銀河の合体が生じる初期にはいったん増大するものの、巨大な銀河に成長してからは、基本的に低下傾向をたどる。恒星が生まれなくなるため、寿命百億年のG型星は、ビッグバンから数百億年も経過するとほとんど姿を消してしまう。宇宙の歴史において、G型星の多くは、ビッグバンから百数十億年が経過した現在の近くに存在するはずである。

もし生命がG型星の周囲にだけ誕生できるならば、現在がまさに、宇宙で生命が最も繁栄している時期なのである。

もちろん、地球や太陽と同じタイプの天体でしか、生命が誕生できないとは言えない。惑星に関して言えば、地球の2倍ほどの質量を持つ方が、大気が濃密になり生物が繁栄しやすいと考える人も多い。文明を持つ生物が進化するには、海と陸が併存することが重要だと考えられるが、地球よりも陸地面積が少なく、多島海が形成された方が生物多様性が豊かになるだろう。

同じように、太陽も最適な恒星ではないかもしれない。一部の科学者は、太陽の0.5倍から0.8倍の質量を持つK型星の方が、傷害性の強い紫外線の量が少なく、寿命も200～1000億年になり進化のための時間的余裕があるので、生物が繁栄しやすいと主張している。もし、この考えが正しければ、G型よりもK型の恒星の方が数多く存在するので、ビッグバンから百数十億年という現在は、宇宙の生命が最も繁栄する数百億年間の始まりにすぎないことになる。人類は、まだ生命の少ない時期にたまたま登場した、初期の宇宙生物なのかもしれない。

ただし、文明を持つ知的生命に限るならば、K型主系列星の方が適しているという説には、必ずしも賛同できない。質量が太陽の半分程度では光量が乏しすぎて、光に駆動される進化が充分に起きない可能性もある。何よりも、現在がビッグバンから百数十億年だという事実こそ、G型（あるいはG型に近いK型）の恒星が生物にとって最適だという主張の傍証になると思われる。

いずれにせよ、宇宙は永遠ではない。銀河で星の形成があまり行われなくなるため、寿命の短い恒星から次々と姿を消し、やがて、銀河とは名ばかりの暗黒の天体集団となる。今後、（100億年か500億年かはわからないが）ある程度の時間が経過すると、宇宙の生命は急激に数を減らしていく。宇宙は、老年期に入ることになる。

進化の時間

留意すべきは、「恒星の寿命は、生物の進化に必要な時間に比べてあまり長くない」という事実である。地球の場合、40億年足らず前に登場した最初期の生命がどのようなものだったか、化石が残っていないので不明な点が多い。おそらく、細胞膜に囲まれた領域に原始的な細胞内器官を備えた単細胞生物（原核細胞）だったろう。こうした単細胞生物には、現在も生息するバクテリア（真正細菌）とアーキア（古細菌）がいた。これらの単細胞生物が共生し、DNAなどの遺伝物質を膜で覆った細胞核を持つ真核生物に進化するまでに20億年近く。さらに、単細胞の真核生物が集まって多細胞生物になるまで、およそ10億年が経過しただろう（正確な年数は確定していない）。

人類を含む脊椎動物の先祖が誕生したのは、5億数千万年前のカンブリア期だろう。この時期には、すでに、感覚器官や運動器官を備え高度に組織化された多細胞生物が海中で繁栄していた。

もし、こうした生物進化の時間スケールが普遍的なものだとすると、惑星が形成されてから組織化された身体を持つ多細胞生物が登場するまでに、数億年から十数億年の時間を要するステップが何回か繰り返されて、ようやく、いわゆる高等生物に至るということになる（**図3.3**）。もちろん、地球のケースが例外的で、他の惑星では、天体が形成されてから数億年程度で知的生命が現れるのが当たり前なのかもしれない。だが、今のところ、生命の誕生は地球上でしか確認されていないので、生物の進化には、トータルで数十億年という時間が必要だと仮定することにしよう。

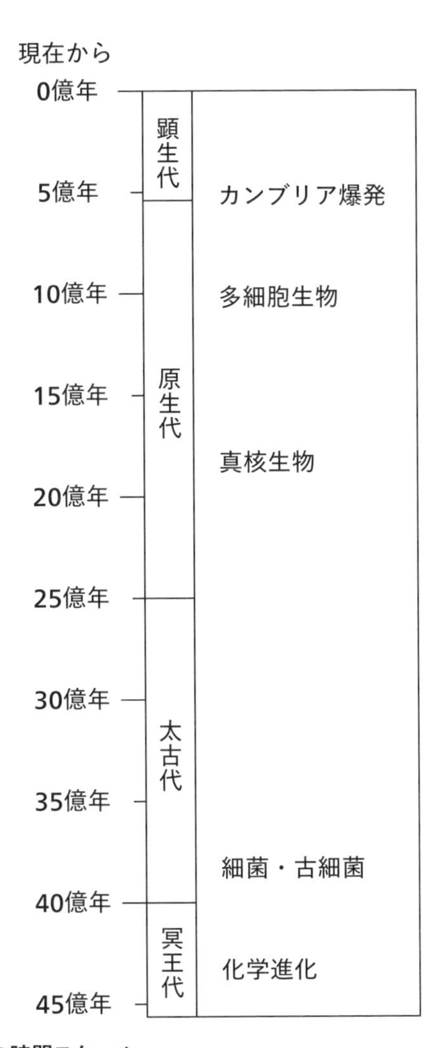

図 3.3: 生物進化の時間スケール

そうだとすると、生物の進化が何度も繰り返される時間的余裕はない。世界には悠久の時間があり、生物が進化に失敗して絶滅しても、また単細胞生物からやり直すことができる——そんな悠長なことは言っていられない。天体の寿命は限られ、宇宙もまた老いて星を作れなくなる。星の時間的なスケールは、生物の進化にとってかなりタイトなのである。

この短い時間で確実に生命が誕生・進化するには、宇宙が充分に巨大でなければならない。時間的余裕がないのだから、その不足分をカバーするだけの空間的な広さが必要なのである。もし、古代の人が考えたように、宇宙における天体集団が太陽系が一つだけだとしたら、進化の結果として知的生命が登場できる確率は、かなり低いだろう。天の川銀河だけで数千億、全宇宙ではどれだけになるかわからないほどの恒星が作られたからこそ、生命が誕生し進化できたと考えられる。

宇宙のインフレーション

進化が可能になるためには、宇宙が充分に広大であり、惑星系が数多く形成されることが重要である。それでは、なぜ宇宙がこれほど広いのだろうか。

宇宙が巨大である理由として、ビッグバンにおけるエネルギー分布を一様にしたのと同じメカニズムを考えることができる。宇宙は、ビッグバン以前に、物質が存在せず暗黒エネルギーだけで膨張していた時期があったという説が有力である(**図 1.7 参照**)。物質が存在しない虚無の世界なので場所による差が存在せず、すべての地点が同じ状態のまま膨れ上がっていった。このため、空間内部に潜んでいた暗黒エネルギーが物質のエネルギーに変換されたときも、揺らぎがなく一様で整然とした高エネルギー状態になったと考えられる。

暗黒エネルギーによる膨張過程によって、宇宙空間の大きさが急激に巨大化したとするのが、「宇宙のインフレーション」と呼ばれるアイデアである。この理論は、いくつかの観測事実を説明することができるため、初期宇宙のモデルとして学界で有力視されているものの、決め手となる証拠がなく仮説の域を出ない。

インフレーションを仮定する理論では、宇宙がきわめて小さかった時期に量子効果による揺らぎが存在しており、空間が急激に巨大化した後も、この揺らぎが引き延ばされてエネルギー密度にわずかな濃淡が生じたとされる。その結果、エネルギー密度の高い領域に引っ張り込む重力が作用し、天体が誕生するきっかけとなった。

生命が誕生する要件

これまでの議論をまとめると、生命の誕生に必要な要件として、次の3つを挙げることができる。

1. 宇宙は、整然たるビッグバンから膨張していった：こうした宇宙では、膨張によってエネルギー密度が低下したとき、至る所で同じように物質が凝集し、恒星の周囲に惑星が公転する惑星系が形成された。その結果、高温の恒星から低温の惑星へと大量の光が流れ込むシステムが、宇宙全域で数多く作られた。
2. 原子スケールの相互作用は、波動に支配される：原子や分子が持つエネルギーは、「定在波が形成される」という共鳴条件によって特定の値に決まる。共鳴状態は安定しているため、段階的な化学進化が可能になる。
3. 宇宙と原子のスケールには、巨大な格差がある：恒星や惑星の形成は宇宙のスケールに、海中での化学反応は原子のスケールに基づいて進行する。このため、化学反応の総計はとてつもない数に達し、自己複製する生合成システムが作られる可能性は高くなる。

この3つの要件は、物理学の基礎的な理論と密接に関係する。1.の状況は、アインシュタインの一般相対論と観測的宇宙論から導き出される。2.は、現代物理学の根幹をなす量子論の前提そのものである。3.は、疑いようのない観測事実である。

ただし、3.に関しては、明確な理論的根拠がなく、偶然の産物である可能性も残されている。宇宙が急激に膨れ上がるというインフレーション理論には、いくつものタイプがある。その一つが、永劫の時間にわたって独自の物理定数を持つ宇宙が無数に誕生し、それぞれが互いに干渉することなく膨張するという説である。これが正しければ、多くの宇宙は充分に大きくなれないため生命を宿すことができず、たまたま巨大に膨れ上がった「われわれの」宇宙に生命が誕生したとも考えられる。ただし、このアイデアを検証するのは、きわめて難しいだろう。

ここで、第2章末尾に記した問いに対する回答を記しておこう。

生命が誕生するためには、宇宙と原子の間に巨大なスケール格差がなければならない。この格差があって、はじめて膨大なトライアル・アンド・エラーが可能になり、光を浴びた海水中で無数の化学反応が繰り返され段階的に進行した結果として、化学進化が起きた。

宇宙と原子のスケール格差によって生命が誕生できたのだから、生物は、必ず宇宙と原子の間の中間的なスケールを持つ。人間もそうした生物の一種である以上、人間から見て、宇宙はきわめて巨大で、原子はきわめて小さくなければならない。この大小関係は人間が存在するための必要条件であり、なぜかと問いかける人間がいるならば、必然的に満たされる。

宇宙の息吹

第I部冒頭に引用したテッド・チャンの「息吹」では、密度差によって生じた空気の流れに駆動される生命が描かれた。それは、一見、地球上の生命とはまったく異質だと思えるかもしれない。しかし、実は、かなり具体性を帯びたアレゴリーなのである。

現実の世界において、人間を含む地上の生物は、すべて太陽から流れ込む光によって駆動される。光が供給するエネルギーは、分子のエネルギー状態が上昇・下降を繰り返すという循環を生み出す。この状況は、生命現象に関わるすべてが「宇宙のゆるやかな息吹から生まれた渦巻き」だという「息吹」のSF的設定と、何ら変わるところはない。

現実における光の流れは、高温の恒星と低温の惑星というエネルギー分布の偏りによって生じたものであり、偏りが均されて平衡に達すると、生命を駆動する宇宙の息吹が失われる。それは、テッド・チャンが描いた物語世界の終焉と軌を一にする。

「それから、この宇宙は絶対の平衡状態に達する。すべての生命と思考は停止し、それといっしょに時間そのものも終わる」

『息吹』（前掲書）p.65

第I部の議論を通観すると、生命の誕生が宇宙と原子の基本的な物理法則に根ざしていることがわかるだろう。ビッグバンのあり方という全宇宙の状況と、波動性という原子物理の根本的特性が、そのまま生命と結び付く。「生命は物理現象である」と言ってしまうと、まるで生命の価値を否定するようだが、実際には、「惑星にへばりついたちっぽけな生物を生かすのにも、宇宙と原子のすべてが必要となる」という壮大な見方なのである。

道元の仏性

宗教思想と現代科学は、往々にして相性が悪い。特に、啓示宗教と呼ばれるタイプの宗教では、「奇跡」や「創造」といった物理法則に反する出来事を信じることが、信仰の基盤とされる。一方、現代科学では、基礎的な物理法則は例外を許さず、「理論が正しければ、法則に反する事例はない（法則に反する事例があれば、理論を修正しなければならない）」とされるので、理論を修正する余地のない奇跡や創造は容認できない。このため、しばしば宗教と科学は相容れないと見なされる。

しかし、すべての宗教が科学と相性が悪いわけではない。中でも仏教は、科学との親近性を有する。仏教の主張は宗派によってかなり差があり、密教と禅宗ではほとんど別の宗教と言えるほど違っているが、私が最も科学と相性が良いと考えるのは、鎌倉時代の禅僧・道元が中国から移入した曹洞宗である。実際、道元の主著『正法眼蔵（しょうぼうげんぞう）』を読んでみても、「現代科学の観点からは容認しがたい」と思える記述がほとんどない。きわめて合理的な内容なのだが、これは、宗教書として異例である。

道元思想の合理性は、修行の規範に見て取れる。鎌倉時代には、経を唱えることに呪術的な効能を認める一派があったが、道元は、念経・看経・誦経・書経などさまざまな方法を通じて経の内容を学ぶべきだと主張した。また、修行における神秘体験をまやかしだと否定する一方で、日常生活の重要性に目を向けた。『正法眼蔵』には、衣食住のみならず、排泄や就寝まで含めた日常生活全般の作法が、事細かに規定されている。

道元と言えば、「只管打坐（しかんたざ）（ただひたすら坐禅すること）」の教えが有名だろう。ただし、ひねもす坐禅しろと言ったのではなく、坐禅中に余計なことを考えず「身心を放下」すべきだと説いたのである。禅宗の宗派によっては、師が公案と呼ばれる課題（「父母未生以前本来の面目は何か」のような）を与えて回答を求めるやり方もあるが、道元は、そうした方法論を批判した。「飲食は節量すべし」「目は開すべし」といった具体的な指示も多い。

『正法眼蔵』はきわめて合理的・論理的で、他の宗教書と比べて実にわかりやすい。にもかかわらず、難解だと嘆く声も少なくない。こうした声が聞かれる一つの理由は、多くの仏典を引用しながら、その解釈があまりに独特で、こじつけに近いせいである。道元流の理解と本来の意味との狭間で、多くの宗教家・哲学者が混乱に陥った。こうした独自解釈の背景には、道元が宗教論争のただ中に生きており、仏典を用いて自分の立場を明確にしなければならないという事情があった。

道元独自の解釈が示された最も刺激的な例が、「仏性」の冒頭である。『涅槃経』から釈迦の言葉とされる「一切衆生（いっさいしゅじょう）、悉有仏性（しつうぶっしょう）」を引用するが、一般的な「いっさいの衆生（＝人間または生き物）はことごとく仏性を有す」という解釈を排し、「悉有」をあたかも名詞のように扱って、「悉有は仏性なり」と読み下す。中国語の文法からすると無理筋の読みだが、道元はなぜこんな強引な解釈を押し通そうとしたのだろうか。

重要なのは、道元が何を目的として「仏性」を著したかである。彼は、「先尼外道（せんにげどう）」が提唱した「我」の考え方を批判したかったと考えられる。「我」の思想史的なルーツはヒンドゥー教の「アートマン」にあるが、後に仏教に取り込まれ、人が自分だけの知覚や認識を持つ理由として措定された実体を指すようになる。『涅槃経』における「仏性」は、この「我」とほぼ同一の概念である。仏教用語としてはやや不適切かもしれないが、一般人にわかりやすいように、ここでは「霊魂」と呼ぶことにする。

仏教の根本教義は無常無我であり、永遠不滅の霊魂が存在するという考えは、最も仏教から遠いはずである。ところが、『涅槃経』は霊魂の不滅を前提とする思想を展開し、結果的に、永遠の命を希求する民衆の支持を得た。霊を覚知する神秘体験を重視し、これを「悟り」と同定する宗派も現れた。

道元は、こうした神秘主義的な思想を繰り返し批判した。「辨道話（べんどうわ）」[*16]の第十問答では、「肉体が滅びるとき霊魂が抜け出し、別のどこかに転生する」という考え方を紹介した上で、「癡迷（ちめい）のはづべき、たとふるにものなし」「心常相滅（しんじょうそうめつ）（＝肉体は滅びるが霊魂は永遠）の邪見」と切り捨てる。

それでは、道元にとっての仏性とは何か？ 個々人に内在するのではなく、あらゆる現象に行き渡る統一的なものである。しかし、それを個人的な見解として主張しても、すでにさまざまな宗派が乱立する仏教界では、単なる異端として無視されるだけだろう。そこで、形の上でいったん『涅槃経』を受け入れ、その上で読みに独自性を込めたのである。

「悉有」をふつうに「ことごとく〜を有す」と読むと、各人それぞれに仏性（霊魂）が内在すると解釈されてしまう。この見方に批判的だった道元は、文法を無視して「悉有（＝統一体としての全世界）が仏性（＝本質的な実体、仏そのもの）だ」と主張した。「個人ごとに仏性があるのではない」という道元の解釈は、初期仏教における無我の思想に近い。それを踏まえてパラフレーズすれば、「自分という実体は存在せず、仏が自分という姿をとって現れている」ということになろうか。「人間は実体ではなく現象だ」という言い方もできる。

霊魂の不滅を認める立場からすると、悟りとは、修行の最中に内奥の永遠性を覚知することであり、一種の神秘体験である。悟りを契機に人間としてのステータスが向上し、それ以降は、悟りの証しとして仏道を実践することになる。この場合、悟りを目指す修行と悟った後の実践は、まったく異なる。

これに対して、悟りが格別の体験ではないという立場をとる道元は、修（修行）と証（実践）は同一で等価だという「修証一等」を唱えた。悟ったからと言って、それまでと態度を変えるべきではない。以前と同じように日々坐禅を怠らず、生活の隅々にまで気を配って厳しく自己を律しなければな

*16　道元の真筆とされる原稿は、ごくわずかしか現存しない。書写されたものは何系統かあり、曹洞宗の内部で最も重視されたのが、75巻本の『正法眼蔵』。道元の死後に弟子が発見したという12巻本は、主張内容が75巻本と大幅に異なっており、道元晩年に思想的転向があったか論議の的となっている。このコラムでは、12巻本の内容には触れない。「辨道話」は、極貧時代の若き道元が、後に『正法眼蔵』のベースになる思想を、参学者向けの一問一答形式でわかりやすく解説したとされるもので、江戸時代になって原本が発見された。内容的には75巻本との齟齬がないので、コラムで取り上げた。

らない。

修行と実践が同一だという道元の主張を支えるのが、独自の時間論である。道元にとって、時間は「常に現在が更新されつつある流れ」ではない。自分という実体があり、それが時間の中で変化するのではなく、過去から未来に至るあらゆる瞬間に、自分の形に具現化された仏だけが存在する。したがって、悟る前の行動も仏道の実践であり、悟った後にも身心放下の修行が必要とされる。過去と未来が同じようにリアルであり、その一瞬一瞬が「而今（にこん）（いまこのとき）」だという時間論は、「有時（うじ）」の巻で体系的に論じられており、相対論的な時間との類縁性が指摘できる。

神秘主義的な側面がなく、世界全体が明確な統一的法則に支配されているという道元の思想は、科学と親和的である。

現代物理学における物理現象の担い手は、宇宙全体にあまねく広がる場であり、そこに生起する出来事は、統一的な法則に従う。現在の地球と200万年前のアンドロメダ銀河で、同じ物理法則が成り立つことは、（誤差範囲内で）確認されている。量子効果は、波動性に従って自律的に秩序を生み出す性質を持っており、ニュートン力学のように非情で機械的ではない。

道元が思い描いた仏性は、万物を統一するとともに、あまたの個人が抱く知覚・認識を実現する。この「一にして多」という性質が文系の学者にとっては理解しがたいかもしれないが、理論物理学者には、むしろお馴染みの状況である（この点については、第9章でも言及する）。

場の量子論で場の状態を記述する数学的ツールは、量子力学（粒子の量子論）で使われる無限次元ヒルベルト空間を、さらに無限個結合したような構造をしている。ニュートン力学のように、単一のユークリッド空間内部に多くの物体が併存するのではなく、全体が一つの数学的な規則で統合されながら、個々の物理現象は異なる部分空間に配される。その結果、ごく当たり前のように「一にして多」が実現される。宗教家と物理学者では価値観がまったく異なるので同じアイデアとは言えないものの、方法論的には共通する側面がある。

現代物理学の議論に『正法眼蔵』の主張を持ち込んでも、これと言って齟齬をきたす点はないのである。

第 II 部
知性に至る進化

「そしてまた数秒がたった。雲がその両脇から垂らした懸垂幕のようなものに挟まれて、虚空に広がっているものが、自分の写し絵だとロアンは気づいた。…（中略）…もしかするとあの雲は自分のことを知っているのだ、雨裂谷を埋めつくした岩石の海の中、ただ一人生き残った、最後の人間の顕微鏡的な存在について知っているのだという考えが閃いた」

スタニスワフ・レム著『インヴィンシブル』（関口時正訳、国書刊行会）p.250

ポーランドのSF作家スタニスワフ・レムは、「地球とまったく異なる環境には、いかなる知的生命が現れるのか」というテーマに強い関心を抱いていた。最も有名な小説『ソラリス』は、海全体が一個の生命体である惑星を舞台に、“彼”にとって初めての他者となる人間が訪れたとき、何が起きるかを描いた作品である。

1964年に発表された『インヴィンシブル（砂漠の惑星）』[*1]では、この方向での思索をさらに推し進め、人類の想定を超える異様な進化を遂げた存在を登場させた。こうした進化によって知性や意識が生まれるかという問いに対して、一つの解答を提示したのが引用部分。小説家による想像力の極北を示した傑作である。

この第Ⅱ部は、レムが示した奔放な発想に刺激を受けたものである。

生命の誕生は物理現象である。冷たい海に恒星からの光が降り注ぐという環境の下、エントロピーの局所的減少が可能になったために生じた出来事で、低い確率でしか起こらないものの、物理法則には反していない。

それでは、生命が進化する過程はどうか？ 地表に生命が誕生すると、しだいに複雑な体組織を持つ多細胞生物へと進化し、やがては知性を持つに

*1　ポーランド語の原題は、作中に登場する宇宙船の船名で「無敵」を意味する。以前の翻訳（飯田規和訳、早川書房）では、小説の内容を元に「砂漠の惑星」と意訳されていたが、新訳（関口時正訳、国書刊行会）では、英訳タイトルをカタカナで表記している。

至る——それが進化の必然だと思い描く人もいるだろう。しかし、生命は物理現象だという立場からすると、あたかも目的があるかのように、生物が特定の方向性を持って進化してきたとは考えにくい。ましてや、知性が進化の到達点だという見方は、あまりに人間本位の主張である。

以下の議論で、知性に関して2つの点を指摘したい。

1. **知性の獲得は進化の必然ではない**
2. **人間の知性は汎用的ではない**

1.の主張は、「地球上で知性を持つ生物が現れたのは偶然の結果であり、状況によっては、知性の乏しい生物が支配的になっていたかもしれない」ことを意味する。人類が栄えている現在から眺めると、進化とは、最も知性の高い動物が現れるまでの道程に見えるかもしれない。しかし、現実には、知性に欠ける生物の方が生存に有利となる環境も知られており、進化するにつれて必ず高い知性を持つ生物が現れるとは限らない。

「人間は、あらゆる問題を（解決はできなくても）考察の対象にできる汎用的な知性を持つ」と見なす人もいるが、2.の主張はこの見方を否定する。われわれの知性は、人類がそこで進化してきた環境に規定されており、限られた問題に対応すべく特化されている。具体的には、神経ネットワークという生得的なハードウェアの特性が制約となり、情報処理の形式が限定される。

1.と2.については、それぞれ第4章と第5章で取り上げる。

一部の動物は、神経ネットワーク内部で閉じていない情報処理を行うことによって、ハードウェアが持つ制約を乗り越える方法を獲得した。こうした方法は、その動物固有の文化と言って良いもので、人間の文化も同列に論じられる。第6章では、外部環境とのやり取りを通じて行われる文化的な情報処理について考察したい。

知性に関しては、もう一つ重大な論点が存在する。高度な知性は「《自覚的に》何かを考える」能力だと見なされがちだが、本当にそうなのかという問題である。ただし、この点に関しては、意識の正体について考え直す必要があるため、ここでは棚上げしておき、第Ⅲ部で改めて取り上げることにする。

知性は進化の必然か

生命は、古代の海における化学進化の結果として生まれ、「変異と選択」を積み重ねることでさまざまな種に分化した。変異とは、生物の構造や機能を規定する“遺伝子”（地球生物の場合は、DNAやRNAの特定領域）が何らかの理由で変化し、その結果として、次世代以降の発現形質が変わることである。

変異には、生存を危うくするものが少なくないが、稀に、生存に適した形質をもたらす。生存率を高める変異を起こした遺伝子は、生存競争の過程で淘汰されずに残る。特定の遺伝子が残される過程が選択（自然界で行われる場合は「自然選択」）であり、変異と選択によって進化が起きるというのが、ダーウィン進化論の要諦である。

生存に不適な変異としてよく知られているのが、メラニン合成に関わる遺伝子の欠失によって体表が白くなるアルビノ。自然界では、白い個体は目立ち捕食者に狙われやすいため、通常は短期間で淘汰される。ただし、ハツカネズミのアルビノである実験用マウスのように、人間が飼育するため自然選択が働かないケースもある。

逆に生存率を高めるのが、殺虫剤や除菌剤の効果を失わせる耐性遺伝子。自然界では、変異によって耐性遺伝子が偶然作られても、無駄な機能をもたらすだけの余計者でしかない。しかし、人間が特定の殺虫剤や除菌剤を使い続けると、耐性遺伝子を持つ個体が生き残り、耐性のないものは淘汰される。DDT（殺虫剤）やペニシリン（抗生物質）が開発されたとき、使用され始めた当初は劇的な効果を上げたのに、しだいに効き目がなくなってきたのは、耐性遺伝子を持つ個体が選択された結果である。

進化は場当たり的

生物の進化は「変異と選択」を通じて起きる過程であり、特定の目的を持つわけではない。あくまで、個々の生物が置かれた環境の中で、生存率を高める変異が選択されるだけである。そのせいで、短期的・局所的な場当たり的効果しかないこともある。

進化が場当たり的なことを示す具体例が、遊離酸素の増大である。

安定した高分子構造を可能にする炭素鎖(多くの炭素原子が鎖状に結合したもの)は、現在、地球上のあらゆる生物において生体分子のベースとなっている。炭素鎖を利用するためには、何らかの方法で炭素原子を調達しなければならない。初期の生物の中には、非生物的な反応で作られ地表付近に蓄積されていた酸化炭素や炭酸塩などから酸素を取り除くことで、炭素原子を得るものが現れた。炭素原子が手に入ると、高性能な分子機械の組み立てが可能になり、生存に有利である。その結果、こうした能力を持つ微生物が選択され、増殖していく。

ところが、この種の微生物が増えると、炭素化合物から遊離した酸素が大気中に溜まっていく。遊離酸素は反応性が強く、生体で利用される高分子を壊す作用を及ぼす。濃度が低いうちは、大した悪影響はない。だが、蓄積され濃度が増すと、生物に直接的な害悪をもたらす“猛毒”となる。こうして、今から20数億年前には、増加した遊離酸素の影響で多くの微生物が絶滅した。短期的に見て生存に適した遺伝子を持つ生物が増加した結果、長期的には、自らを滅ぼす方向に地球環境を変えてしまったのである。場当たり的進化の帰結と言って良い。

面白いことに、自然界の選択によって、さらに状況が変わる。大気中にふんだんに存在する遊離酸素を、他の生物が合成した高分子と反応させることで、生命活動に必要なエネルギーを得る生物が増えてきたのだ。この生物は、光合成細菌などが光エネルギーを利用して作った化合物を横から拝借する寄生生物のようにも見えるが、多くの生物にとって猛毒となる酸素を処理し生存可能な濃度まで引き下げてくれるのだから、地球規模での相利共生（互いに利益を得る共生）と言って良いだろう。現在の地球上では、光合成を行う植物と、呼吸によって酸素を処理する動物が、うまく共存している。

太陽光はエネルギー密度がそれほど高くないので、植物は少ないエネルギーを無駄遣いしないように、あまり動かず広範囲に生育する。そのため、活発に動き回る動物に食べられるばかりだが、動物は、遊離酸素の処理に加えて、受粉や種子の運搬などを通じて植物にメリットをもたらすので、持ちつ持たれつの状態が維持される。現在の生態系を見ると、まるで計画されたかのように見事なバランスである。

ただし、バランスのとれた生態系は、変異と選択を長く繰り返し、ようやく安定な状態に達したときの特殊な状況である。現在の地球上では、植物に比べて動物のバイオマス（生物体すべての質量）が小さいので、このバランスが維持できる。だが、小さな島にヤギなどの草食動物が上陸して繁殖すると、植物を食い尽くして餌がなくなり、自身も絶滅することがある。進化の過程では、環境に合わせてその場しのぎのように選択を重ね、うまくいった場合にだけ、持続可能な状況に到達できる。

場当たり的な進化の例は、他にも数多く見いだされる。首が伸びすぎて二進も三進もいかなくなったキリン、有毒なユーカリしか食べるものがなかったせいで行動が大幅に制限されたコアラ、ボディプランができあがった後で中枢神経系が発達したため食道が巨大な脳を貫通することになったタコなど、比較的近年に遺伝子変異を起こした生物は、その場しのぎの結果として進化の袋小路に迷い込んでしまった。

進化が持つ場当たり的な性格を正しく理解すると、知性がどのように獲得されたかについても、現実的な推測が可能になる。

進化の向かう先

多くの人が誤解していることだが、遺伝子は「生物の設計図」ではない。遺伝子とは、置かれた環境に対して個々の細胞が応答するときの指示書なのである。ある化学物質の濃度が臨界値以上になったとき、特定の遺伝子が発動して、タンパク質生産のような機能を働かせる。そこには、「設計図」のように生物個体を統一的に捉える視点はなく、あくまで「このタンパク質を生産せよ」といった細胞レベルの局所的な応答を扱う役割しかない。

進化は、変異と選択の積み重ねによって起きる。ここで注意しなければならないのは、変異は遺伝子に生じ、選択は表現形質に依存する点である。この違いは、進化の方向性を決定する上で、本質的である。

バクテリアや原生動物などの単細胞生物ならば、遺伝子の変異が直接的に表現形質と結びつくので、生存に有利な遺伝子が自然選択によって速やかに定着し、生物としての構造や機能を変えていく。その結果、個体レベルでの進化速度が速く、環境が急に変化しても追随できる。

バクテリアは、しばしば下等な生物と思われているが、子細に観察すると、驚異的な進化を遂げた究極の生命体だとわかる。単細胞だから大したことはできないと思うのは、大間違いだ。排水口のぬめりや口内の歯垢は、異なる種類が混在するバクテリア集団の作った3次元構造のコロニーで、バイオフィルムと呼ばれる。単体のバクテリアでは生産されないタンパク質を利用して、固体表面への付着や薬剤からの防御を実現しており、その協業体制は、単細胞生物のイメージを超える。

多くのバクテリアは、細胞分裂によって増殖したクローン体だが、外部の遺伝子を取り込む“水平遺伝”のメカニズムも備わっている。

例えば、環状の遺伝物質であるプラスミドは、染色体とは別の遺伝子を持っており、バクテリア同士が接合する際に一方から他方へと移動して形質転換をもたらす（**図4.1**）。こうした水平遺伝は、高頻度での遺伝子変異を可能にする。抗生物質の効かない耐性菌が急速に増大したのは、腸球菌と黄色ブドウ球菌のような種類の異なるバクテリア間で、プラスミド上にある薬剤耐性の遺伝子がやり取りされた結果だと考えられる。

バクテリアなどと比べると、多細胞生物は、遺伝子変異と表現形質の間の隔たりが大きい。そのせいで、進化がどこに向かうかは、遺伝子に突然変異が生じた段階では、ほとんどわからない。「知能の遺伝子」なるものが存在し、突然変異でこの遺伝子を獲得した生物が賢くなる——などといったことでは、まったくないのである。

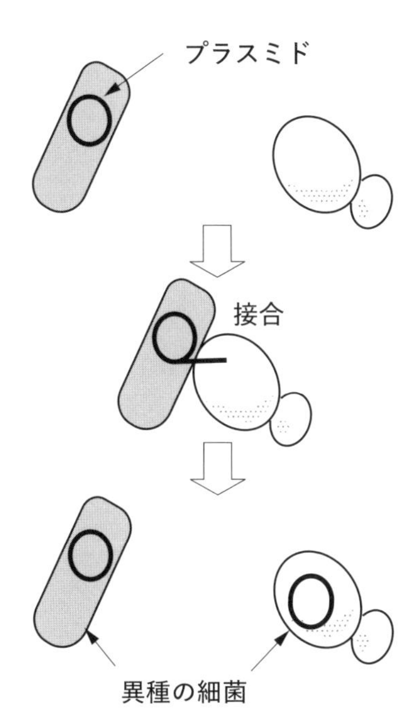

図 4.1: バクテリア間の水平遺伝

遺伝子に規定された行動パターン

運動能力のある生物は､外界からの情報を利用して行動を変化させる｡単細胞生物であるミドリムシでも、感光点で光を感知しながら鞭毛を動かして日照の良い場所に移動し､そこで光合成を行う。多細胞生物になると､感覚器官からの情報や筋肉に送る指令を伝達する神経細胞が分化し、複雑な行動が可能となる。

それでは、こうした行動パターンはどこまで遺伝的に規定されているのだろうか？ 動物の生得的行動に関しては、“ 本能 ” という言い回しで通俗的な説明がされることもあるが、そもそも本能が何を意味するかもはっきりしない。すぐ後でアメフラシの産卵行動を紹介するが、この例が示すように、遺伝子によって定まる行動パターンはごく単純かつ機械的であり、“ 本能 ” と称される生得的行動でも、すべてを遺伝子だけで説明するのが困難だとわかるだろう。

アメフラシは、貝殻を持たない軟体動物の一種。頭部と腹部に集中する神経細胞はわずか2万個ほどしかなく、行動パターンと神経興奮の関係を調べやすいという特徴がある。成熟したアメフラシの生活はほとんど食事と生殖のために費やされており、その多くが、特定の神経細胞が興奮することによってもたらされる定型的動作の連鎖である。

アメフラシの卵は、100万個以上が長いひも状に連なった形状をしている。まず生殖管の筋肉が収縮してひも状の卵を排出する。このとき、アメフラシは他の行動を中止し、飛び出した卵のひもを口にくわえると、独特の首振り運動をして生殖管から引っ張り出す。その際、口内の分泌腺から粘り気の強い粘液が分泌され、卵に付着する。すると、アメフラシは、それまでと異なる大きな首振り運動を行って、卵の塊を岩などに押しつけ固定する。こうした一連の行動は、卵を産み付ける目的で本能的に行っているように見えるが、その根底に、遺伝子によって規定された単純な動作があることが明らかにされた。

交尾していないアメフラシに、交尾した個体の生殖器からの抽出物を注射すると、産卵の際に行われる一連の行動すべてが再現される。この抽出物には、さまざまなペプチド（アミノ酸が鎖状に結合した分子の総称で、鎖の長いペプチドがタンパク質）が混在していた。この抽出物から分離したペプチドの一つが産卵ホルモンと呼ばれる物質で、生殖管の収縮など産卵行動のうちの一部を引き起こすと判明した。首振りのような行動も、特定のペプチドの作用で首の筋肉が収縮した結果だと推測される。

産卵ホルモンの遺伝子を調べたところ、そこには、産卵ホルモンに含まれるよりも遥かに多数のアミノ酸がコードされていた。引き続き行われた研究で明らかにされたのは、この遺伝子によって合成されたタンパク質が決まった箇所で切断され、さまざまなペプチドに加工されることだった[*2]。こうしてできたペプチドが、一定の順序で神経に作用することで、生殖管の収縮や首振り運動といった一連の産卵行動を引き起こす。首を振ったり卵を岩に押しつけたりする動作は、遺伝子の指令に従った機械的な動きだったのである。

*2　この話題に関しては、次の記事にわかりやすく解説されている。R.H. シェラー／R. アクセル「生得的行動を支配する遺伝子」（サイエンス 1984年5月号 p.38）。

進化の初期段階におけるアメフラシ（またはその祖先）では、生殖管内で受精卵が詰まって繁殖できないケースが少なくなかったろう。ところが、受精直後に首振り運動を行う個体では、うまい具合に卵が引っ張り出され、繁殖率が上がる。首振り運動は、特定の神経ペプチド（神経に作用するペプチド）によって引き起こされる定型的な動作として、以前から摂食行動などに役立っていたかもしれない。だが、生殖管を収縮させるペプチドと首振り運動を引き起こすペプチドがDNAの特定領域にまとめてコードされ、その結果として生殖管の収縮と首振りが順番に行われるようになると、種の存続の上ではっきりと有利になる。突然変異によってそうした遺伝子が現れた場合、自然選択の作用で集団内に定着し、アメフラシ一般に見られる生得的な行動パターンを引き起こす。

知性をもたらすもの

アメフラシの産卵行動は、遺伝子によって規定された定型的な動作の連なりであり、知性の欠片も感じられない。知性とは、感覚器官で得られたデータを情報処理することによって、状況に柔軟に対応する能力のはずである。こうした適応力は、どのようにして得られるのだろうか？

よく知られているように、一部の動物は、生きるのに必要な行動パターンを、遺伝子という比較的堅固な化学構造ではなく、柔軟な可塑性を持つ神経ネットワークの配線パターンにコードするという生存戦略を採用した。知性を生み出すのは、こうした神経ネットワークにおける学習の機能である。

「生殖管を収縮させたすぐ後に首を振る」といった行動パターンを、複数のペプチドをひとまとめにするという形で遺伝子に記録しておけば、ある状況下で何をすべきかが確実に子孫に伝えられる。しかし、このやり方では、環境が変動し行動パターンを調整する必要が生じたとき、即座に対応できない。それに比べると、神経ネットワークにおける配線は、誕生後も経験を通じてつなぎ替えができるので、柔軟な対応が可能になる。

神経ネットワークとは、細長い繊維状をしたニューロン（神経細胞）が、相互に結合して形作るシステムである。ニューロンの形状は、身体の部位によってかなり異なっているが、基本的には、細胞核を有する細胞体と、細長く伸びた軸索から構成される（**図4.2**）。細胞体からは、いくつもの樹状突起が飛び出している。一方、軸索から伸びた枝の末端は、他のニューロンの樹状突起に結合しようとする性質がある。その結果、多数のニューロンが相互に結合したネットワークが形成される。軸索末端と樹状突起の結合部位は、シナプスと呼ばれる。

ニューロンには、細長い軸索に沿って電気的な“興奮”（細胞膜の内外で電位差が一時的に変動する過程）を伝える性質がある。この神経興奮が軸索から伸びた枝の末端に到達すると、軸索末端から神経伝達物質が放出され、シナプスを介して結合している他のニューロンに作用を及ぼす。この作用は、シナプスのタイプに応じて、結合相手を興奮させたり、逆に興奮を抑制したりする。

興奮性／抑制性という相反する性質の結合があるせいで、何らかのきっかけで特定のニューロンに生じた興奮は、さまざまに変容しながらネットワーク内部を伝わっていく。人間の脳では、抑制性のシナプスが興奮性のものより遥かに多いので、こうした興奮は、時間が経つにつれて次第に収まる。

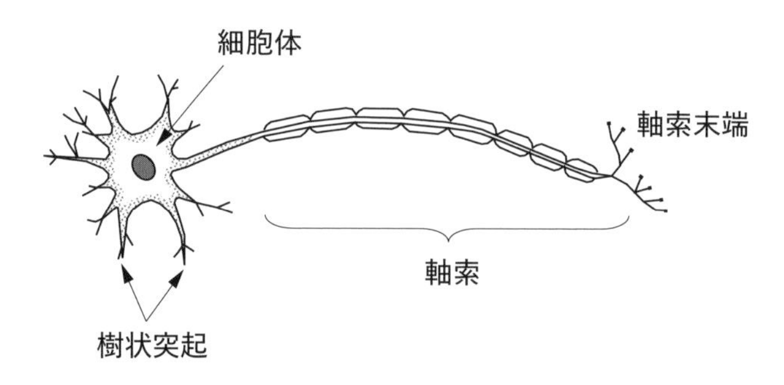

図 4.2: ニューロンの構造

ニューロンという特殊な細胞が誕生したのは、まったくの偶然によるのだろう。ニューロンが電気的に興奮するのは、細胞膜を貫通する膜タンパク質がカリウムやナトリウムなどのイオンと結合すると変形し、イオンを運んだり出入りを制限したりするポンプやゲートのように振る舞うせいである。ただし、こうした機能的なタンパク質が、何らかの目的を実現しようとして設計されたと考える必要はない。遺伝子のランダムな突然変異が起きるたびに、さまざまな構造のタンパク質が生み出される。イオンと結合して変形するタンパク質がたまたま生まれたとき、その有用性ゆえに自然選択によって残され、ポンプやゲートとして流用されたのだろう。

神経ネットワークの学習機能

重要なのは、ニューロン同士の結びつきを決定するシナプスの結合強度が、興奮の頻度などによって少しずつ変化すること。その結果、体験を重ねるにつれて結合が強化されたり、既存の結合が消失したりする。

中枢神経におけるネットワークの場合、感覚器官から送られてきた知覚データが入力されると、ネットワーク内部を伝達されていく過程で、さまざまなデータ変換が繰り返されながら、段階的に、筋収縮や内分泌などの指令が身体各部に出力される。身体への出力は、それがどんな結果をもたらしたかという知覚情報として再び中枢神経系にフィードバックされるので、状況に適切に対応できたケースに限り、そのときのシナプス結合を強化するメカニズムが働くこともあり得る。こうして、状況に応じて柔軟に対応できるように学習した神経ネットワークが形作られる。

体験を通じて神経ネットワークに記銘された学習記憶は、その個体一代しか維持されない。しかし、神経ネットワークの学習能力を高める遺伝子は、多くの場合、生存に有利となる形質をもたらすので、進化の過程で、高い学習能力を持つ個体が選択される。

人間的な行動に関して言えば、前頭前野（さまざまな状況を勘案して行動のプランニングを行う領域）と扁桃体（強い情動をもたらす出来事の記憶形成に関与する領域）の結びつきが強いと、過去の恐怖体験を想起させる状況を事前に回避するような行動パターンが、優先的に指示されるだろう。その結果、前頭前野と扁桃体の結合を強化する遺伝子は、自然選択によって定着される確率が高くなるはずである。このようにして、より“知的な”戦略を採用する個体が増えてきたと推測される。

状況に応じて行動をコントロールする知的な生存戦略は、神経ネットワークというハードウェアにダーウィン流の自然選択が作用して生み出された。

知性の獲得は進化の必然ではない

知性の獲得が自然選択の結果だとすると、知的生命が誕生するかどうかは偶然に委ねられることになる。生命誕生から何十億年、何百億年という長い時間が経っても、知的生命が現れない環境もあり得るだろう。

どのような環境で知性が獲得されるかについて一般論を語れるだけのデータはないが、高度の知性を持つ生物が支配的になり得ない環境の実例は、身近なところに存在する。

1970年代から、黒海やメキシコ湾など世界各地の都市部沿岸で、「死の海」が広がった。これは、窒素やリンを高濃度で含む生活排水が海に流れ込み、植物の成長を促す栄養塩が過剰に増加した「富栄養化」が進んだ結果である。富栄養化が進むと、表層に近い領域で植物プランクトンが急激に増殖するため、海底まで太陽光が到達せず、浅瀬の海藻が枯死し光合成が減退する。さらに、プランクトンの死骸が大量に降り積もり、これを分解する腐敗菌が酸素を消費するため、底近くの海中は酸欠状態になる（**図 4.3**）。

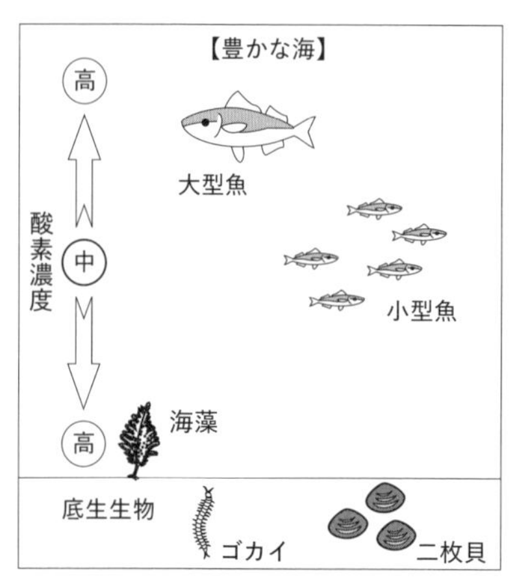

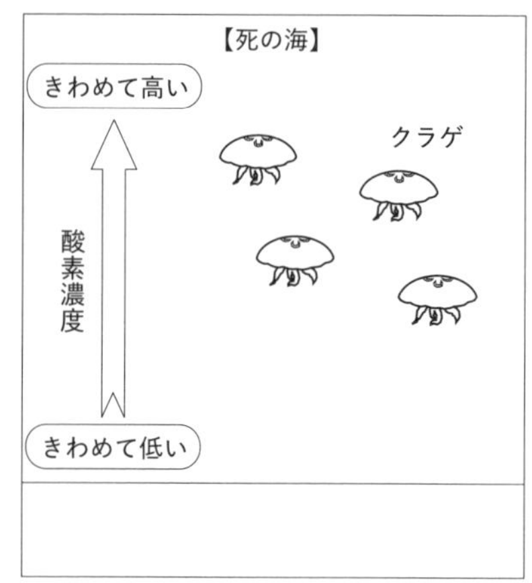

図 4.3: 豊かな海と死の海

知的な生物は、栄養分が乏しく餌がまばらにしか存在しない環境でこそ、生存に有利となる。こうした環境では、捕食者から逃れ少ない餌にありつくために、敏捷さが必要である。発達した神経ネットワークを持つ脊椎動物は、全身の筋肉を協調させ速やかに動き回れるので、動きの鈍い生き物よりも優位に立てる。

ところが、富栄養化が進んだ海中では、状況が一変する。海中に多量の植物プランクトンが漂っているので、わざわざ動き回る必要はない。クラゲやナマコのように、あまり動かないゼラチン質の生物でも、充分に栄養を摂取できる。逆に、魚たちは無駄に動き回ったあげく、酸欠になって死ぬ。

クラゲやナマコが大量に発生したとしても、これを捕食する魚はほとんどいない。ゼラチン質の生物は、魚類や海棲哺乳類が属する食物連鎖には含まれず、その多くは、行き止まり種と呼ばれる食物連鎖の終着点である。クラゲは、栄養分の多い海中に漂うだけの一生を終えると、水に溶けて体内の栄養分を周囲に放出する。クラゲが大量発生したからと言って、その捕食者が現れて食い尽くすことはない。

富栄養化の進んだ海中では、知的生命が絶滅しやすく、何も考えない生物が繁栄する。

何のための知性か

知性は、特定の環境で生存を有利にするツールである。現在の地球上では、高度な中枢神経系を持つ生物が、知性を利用して有利な立場を獲得し、繁栄している。しかし、知性の獲得が進化の必然なのではなく、環境によっては選択されないこともあり得た。

そもそも、地球上に知性が登場したのはなぜか？ 発達した神経ネットワークを備えた生物の共通祖先は、今から５億年ほど前のカンブリア紀に登場した、ナメクジウオに近い脊索動物の一種だと考えられている。カンブリア紀は、動物の多様性が爆発的に増加した時期である。アノマロカリスのような大型捕食動物が現れたため、それから逃れるためボディプランに工夫が凝らされたのだろう。硬い外皮で身を守る三葉虫、５つの眼で索敵するオパビニアなど、さまざまなタイプの生物が現れたが、脊索動物は、背側に太い神経管を持ち全身を協調させて素早く逃げるという戦略を採用した。この神経管の一部が脳と脊髄に変化し、中枢神経系を持つ脊椎動物になったと考えられる。

ただし、神経ネットワークを発達させた生物が、生存のあらゆる側面にわたって有利だというわけではない。神経を機能させる代償は、かなり大きい。

神経細胞は興奮する際に大量のエネルギーを消費するので、細胞内器官であるミトコンドリアでたくさんの酸素を使ってエネルギー産生を行う必要がある。このため、ちょっと酸素が不足しただけで命を落とす危険が大きい。さらに、酸素を用いたエネルギー産生に伴って、細胞傷害性の強い酸素ラジカルが作り出されるので、細胞が傷つけられやすい。

傷ついた細胞は、通常、アポトーシス（細胞の自殺）を起こして取り除かれる。しかし、ニューロンは相互の結合の仕方によって記憶を構成するため、傷ついたからと言って細胞を丸ごと取り除くわけにはいかず、傷害箇所を補修しなければならない。このとき、神経細胞が頻繁に興奮すると補修作業に支障を来すため、活動量を可能な限り低下させる必要がある。この活動低下が睡眠（ノンレム睡眠）であり、発達した神経ネットワークを持つ動物は、1日のかなりの期間を睡眠に費やすことになる。睡眠期間中は能動的な危機回避が難しいため、生存する上で不利になる。

このように、神経ネットワークの発達に伴う知性の獲得は、必ずしも良いことずくめではない。進化の過程でそれぞれの生物種は、知性を獲得することのメリットとデメリットを秤に掛けながら、最も生存率を高めるような道を探ってきたのである。人間も例外ではない。

人間の知性は、すべての問題に対応できる汎用的な情報処理システムではない。あくまで場当たり的な進化の結果として獲得されたものであり、必然的に、さまざまな制約が課せられることを、正しく認識しなければならない。

人間的思考の限界

高度に組織化された神経ネットワークである脳は、知的活動に際して重要な役割を果たす。ただし、場当たり的な進化によって形作られたものなので、どんな場合にも役に立つ万能ツールではなく、かなりクセがあり使い方に注意が必要だ。本章では、人間の思考に見られる制約として、次の3つを取り上げる。

1. **人間の思考は視覚データを偏重する**
2. **人間の思考はきわめて緩慢である**
3. **人間の思考は観念の連合に過度に頼る**

人間とは何かを考える際の論点としては、3. の観念連合への過度の依存が特に重要だが、話をわかりやすくするために、比較的理解が容易な 1. から順番に見ていきたい。

人間は視覚データを偏重する

人間が視覚優位の生き物だということは、日常的な経験からも理解できるだろう。多くの人は、匂いや音よりも目に見える光景を根拠として状況を判断する。

哺乳類は、一般に視覚が弱く、代わりに嗅覚が発達している。これは、哺乳類が登場したのが中生代三畳紀であり、恐竜の全盛期であるジュラ紀から白亜紀に掛けて進化したせいである。この時期、昼間は恐竜たちが我が物顔にのさばっていたため、現在のネズミくらいの大きさだった多くの哺乳類は、恐竜の目を逃れるように夜間に活動した。光量が少なく視覚はあまり有効でなかったので、暗闇でも使える嗅覚が重要だったのである。

6600万年前、現在のユカタン半島付近に小惑星が衝突し、気候を激変させた。体が大きく多量の餌を必要としていた大型恐竜は、気候変動を乗り越えられずに死に絶えたが、哺乳類は、冬眠したり残された死骸や地下茎を食べたりすることで生き延びた。また、小型肉食恐竜も絶滅を免れ、鳥類に進化したと考えられる。

鳥類は恐竜の形質を受け継いでおり、昼行性で視覚が発達している。レンズ調節機能には哺乳類にないメカニズムがいくつも備わっており、視物質（光受容タンパク質）の種類も人間より多い。一方、哺乳類は、恐竜がいなくなったので夜行性から昼行性へと変化した種も少なからずいるが、視覚よりも嗅覚が優位だという昔のままの種が多い。

霊長類（サル目）は、哺乳類の中で例外的に視覚が優れている。多くの哺乳類は、視物質として青と赤を識別する2種類しか持たない。ところが、霊長類は、緑の光を吸収する第3の視物質を利用する。この緑視物質は、赤視物質の遺伝子が約3000万年前に突然変異を起こしたことで獲得された[*3]。2種類の視物質はほとんど同じ構造のタンパク質で、構成要素となる364個のアミノ酸のうち3つだけが異なる。このため、緑と赤の視物質は、波長ごとの相対感度の差異が比較的小さい（**図5.1**）

他の哺乳類よりも優れた視覚を獲得した結果、霊長類は利用できる視覚の情報量が増大し、これを適切に処理することが生存に有利に働く。例えば、赤と緑を明瞭に識別する新たな色覚を生かして、緑色の葉に囲まれた赤い果実を素早く発見できれば、それだけ生き延びる可能性が増す。このため、霊長類では、視覚情報を処理する脳の領域が拡大し、他の感覚情報を処理する部位を圧倒する。アカゲザル（ニホンザルの近縁種）では、視覚に関連した領域は大脳新皮質全体の55％に上るのに対して、聴覚は3.4％に

*3　細かなことを言えば、アジアやアフリカで進化した旧世界霊長類（ヒト、大型類人猿、テナガザル、オナガザル）と、中南米の新世界霊長類では、第3の視物質を獲得する過程が異なる。日本光生物学協会編『光環境と生物の進化』（共立出版）などを参照。

すぎないという。

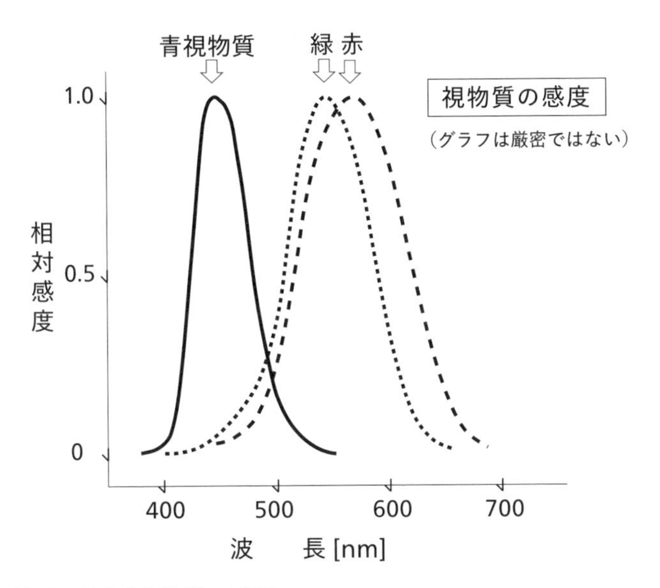

図 5.1: 波長に対する視物質の感度

一方、霊長類は、一般的な哺乳類に比べて、嗅覚が退化している[*4]。匂いは、空気中を漂う分子が鼻腔内の嗅覚受容体に結合することで感知されるが、この受容体の遺伝子数が少ない。多くの哺乳類では、800 〜 1200 個の遺伝子が見いだされるが、ヒトやチンパンジー、ニホンザルでは 300 〜 400 個である。霊長類の中でも、直鼻猿類（ヒトや類人猿など、鼻腔がまっすぐで鼻孔が下を向いたサル）の方が、曲鼻猿類（キツネザルやロリスなど、霊長類の祖先に近いとされるサル）の半分程度しかない。また、脳で嗅覚情報を処理するのは嗅球と呼ばれる部位だが、体重あたりの嗅球の容量を調べると、食虫類（トガリネズミやモグラなどを指し、哺乳類の原始的な形態を示すとされる）と曲鼻猿類が同程度なのに対して、直鼻猿類は有意に小さい。霊長類が登場した後、

*4　専門論文は数多いが、次の短い解説が参考になるだろう。「嗅覚受容体遺伝子の比較が明らかにした霊長類嗅覚系の退化の要因」（科学技術振興機構　プレスリリース平成 30 年 4 月 11 日）

ヒトや類人猿に至る進化の過程で嗅覚が退化したことが窺える。
人間は、嗅覚が衰え視覚優位となった脳を使って思考する。その結果、それと意識しなくても、視覚を偏重する考え方をしている。

時間的奥行きのないパースペクティブ

視覚は、光を感知することで成立する。光は、人間の動作や重力による落下運動と比べてきわめて高速であり、しかも、空気中ではほぼ直進するので、視覚的な映像は、ある瞬間の光景を切り取ったものとなる。人はしばしば、視覚で捉えられたものを世界の客観的な似姿と思いなす。しかしながら、それは視覚優位の脳が作り出す錯覚に過ぎない。
多くの哺乳類は嗅覚優位である。それでは、視覚ではなく嗅覚に基づいて認識を構成した場合、自分を取り巻く世界の客観的描像はどのようなものになるだろうか？
直ちに言えるのは、嗅覚優位の世界像が時間的な厚みを持つことである。視覚的なイメージは、光があまりに速いために、現在と呼ばれる一瞬の状態として捉えられる。自分以外に誰もいない部屋は、単なる無人の部屋のように見える。しかし、嗅覚が鋭い動物からすると、そこは無人の部屋ではなく、「数分前に友人がいた」「以前から家族が頻繁に出入りしている」といった過去の情報を含む部屋として立ち現れる。世界のパースペクティブに、時間の奥行きが感じられるのである。
人間からすると、「いま」という瞬間だけがリアルであり、過去は過ぎ去って現存しないと感じられるだろう。しかし、嗅覚優位の動物にとって、匂いが残っている近い過去は、生々しい現実なのである。匂いが捕食者のものならば、そこは危険性を帯びた恐ろしい場所であり、仲間のものならば、安心できる親しげな場所である。
こうした過去の情報は、「まず匂いを直観的に感じ取り、次いで匂いの種類や強さを分析してはじめて理解される」といったものではない。ネズミなど一般的な哺乳類において、嗅覚情報は、鼻腔にある嗅神経細胞からダイレクトに嗅球に伝達され、そこから嗅皮質と呼ばれる情報処理領域へと送られる。この経路は、視覚情報が伝わる経路よりも短く直接的である（図 5.2）。

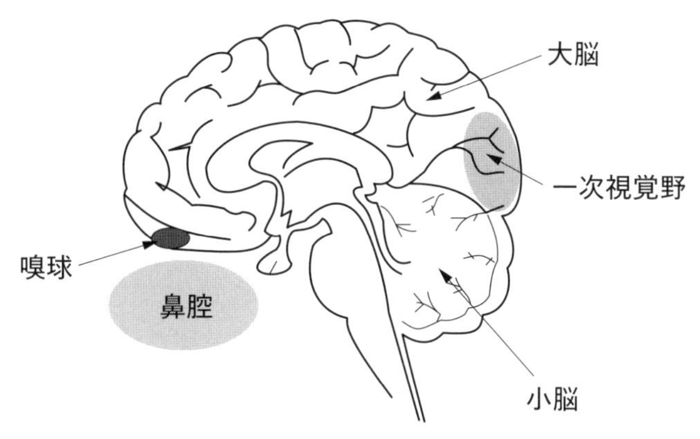

図 5.2: 嗅球と視覚野

人間の視覚では、網膜から視床を経て後頭葉の一次視覚野に送られ、そこから分岐して側頭葉と頭頂葉へと伝達される。側頭葉では主に物体の形状を、頭頂葉では物体と身体の位置関係を分析する。こうした脳の仕組みから推測するならば、人間が何かを見て、その形や距離感を直観的に把握できるのと同じように、嗅覚の発達した哺乳類は、匂いを嗅いだ瞬間に、少し前に捕食者や仲間がいたことをリアルに感じ取るだろう。時間的な厚みを持った世界を実感するのである。

「現在だけがリアルだ」という多くの人間が共通して抱く“常識”は、現代物理学では否定されている。相対論は、時間と空間が別々の何かではなく、時空として一体化されていることを前提とする。一体化されるのだから、時間は空間と同じような広がりであり、現在という特定の瞬間だけが実在することはない。こうした相対論的な世界観は、視覚優位の脳によって生み出されたイメージの中で生きる人間にとって、理解するのが困難なようだ。かなり知性が高く教養もあるのに、相対論をまったく理解できない人は少なくないが、脳というハードウェアの特性が時空の理解を困難にしているのだろう。

直観の陥穽

それぞれの生物は、生存のために最適化された感覚器官を有し、それに基づいて世界を把握する。イヌのように嗅覚の発達した動物は、時間的な厚みを持つ世界を把握できるはずである。とするならば、他の生物も、外界の情報を捉える知覚システムに応じて、独自の世界像を作り上げているのだろう。

生物にとって、世界とは、知覚情報を基に再構成されるイメージである。視覚や嗅覚だけでなく、コウモリのように聴覚優位のものもいれば、振動に反応する生物、温度に敏感な生物など、さまざまなタイプが存在する。

例えば、水中を漂うクラゲが突然変異で知性を獲得したとき、彼らは、「世界には水のない空っぽの空間があり、そこに水が満たされて自分たちの生息環境を形作っている」とは考えないだろう。水の満ちた空間こそ世界の基盤だとする物理学を考案するに違いない。水の流速、温度や圧力の変化、溶けている物質の濃度分布などを基本的な状態量と見なし、これらを使って世界が従う法則を記述しようとするはずである。

人間の知性は、視覚優位という特性を持つ脳に支えられている。客観的な世界を直観できるわけではないことを、正しく認識する必要がある。

人間はきわめてゆっくりと考える

視覚の偏重に加えて、人間には、物理学的な観点からすると思考速度がきわめて遅いという特徴がある。日々物事を考えるときには、スピーディに思索を巡らしているように感じるかもしれないが、それは、自分の内観を基準にしているからだ。化学反応における電子の運動のような基礎物理過程に比べると、一つ一つのステップに要する時間は遙かに長い。

神経ネットワークにおける情報処理は、多数のニューロンが次々と連鎖的に興奮を伝えることで遂行される。ニューロンの興奮とは膜電位（細胞膜の内外での電位差）が大きく変動する過程であり、興奮性のシナプスからシグナルが入力されると興奮状態となる。この興奮状態は、ニューロンの軸索に沿って伝わるが、そのときの伝導速度は、運動神経や知覚神経でたかだか秒速100メートルちょっとである。この速度は、血液の循環速度などよりかなり速いが、光速はもちろん音速（水中では秒速1500メートル程度）と比べてもずっと遅い。

膜電位の変動は、ニューロンの細胞膜上にあるイオンチャンネル（イオンを選択的に通す孔）の開閉を通じて生じる（**図 5.3**）。チャンネルが開いているときには濃度の低い方にイオンが拡散し、閉じているときには濃度差があっても移動しない。ナトリウムイオンやカリウムイオンは、質量が電子の何万倍にもなるため、軽い電子が電圧に駆動されて速やかに移動する化学変化に比べて、変化のスピードが遅い。

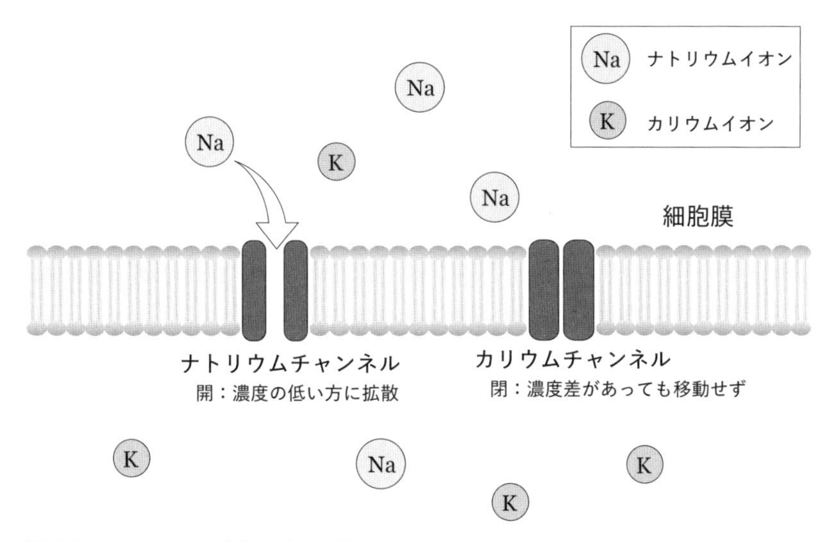

図 5.3: ニューロンのイオンチャンネル

ニューロン同士の結合部位となるシナプスでのシグナル伝達は、さらに時間が掛かる。シナプスには、20 ナノメートル（1 ナノメートルは 10 億分の 1 メートル）程度の隙間がある（**図 5.4**）。この隙間を、一方のニューロン末端から放出された神経伝達物質（アセチルコリンやグルタミン酸など）が拡散し、他方のニューロンの受容体に到達して結合することで、シグナルが伝達される。この過程は、かなり大きな分子である神経伝達物質の放出・拡散・結合を伴うので、シナプスの隙間が小さいにもかかわらず、1 ミリ秒程度を要する。1 ミリ秒は短いと思われるかもしれないが、関与するニューロンの数が増すにつれて、伝達に掛かる時間は長くなる。

中枢神経系では、多数のニューロンが複雑なネットワークを形成し、ある入力に対してどのような神経興奮のパターンが実現されるかという形で、情報処理が実行される。脊髄反射のように、神経興奮が脊髄に達すると直ちに折り返されるようなケースならば、要する時間は100ミリ秒（0.1秒）以下に抑えることもできる。しかし、人間の脳のようにきわめて複雑なネットワークにシグナルが入力され処理される場合には、数百ミリ秒以上という“きわめて長い”時間が必要となる。

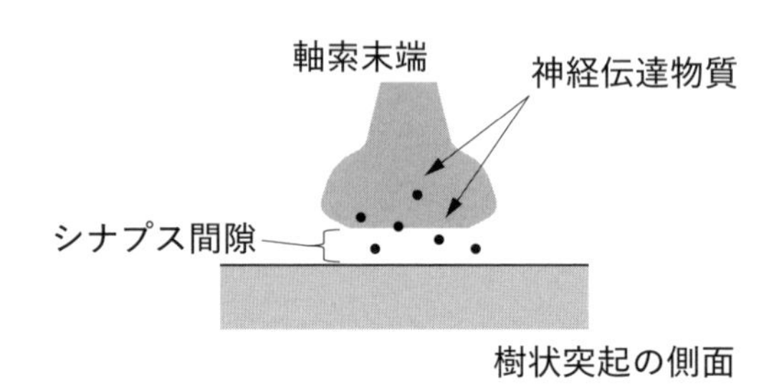

図 5.4: シナプスの構造

生存戦略として適切な認知スピードは?

神経ネットワークによる情報処理は、化学反応における電子の移動などと比べると、かなりゆっくりしている。しかし、この程度にゆっくりであっても、生存率を著しく下げることはない。確かに、身近に落雷があったとき、走って電撃を逃れることはできない。だが、落雷から身を守るためには、神経伝達をスピードアップするだけでなく、筋肉や骨を現在よりも格段に増強させなければならない。そのためのコストは莫大なものになり、かえって生きる上で不利となる。落雷は比較的まれな現象なので、近くに雷が落ちた不運な個体は死ぬにまかせておいても、種の存続が危うくなることはない。

反応速度を上げて対応することが必要なのは、捕食者から逃れたり餌を捉えたりする場合である。これは、相手よりほんの少し反応速度が大きいだけでかまわない。

ムカデは、先頭の足を前に出すと、一定のタイムラグで次の足を動かす仕組みになっているので、常に同じ速度でしか歩けない。「多数の足をいっせいに動かしてジャンプする」といった器用なまねはできないのである。したがって、ムカデが歩く速さよりも少しだけ素早く動ければ、その襲撃を逃れることができる。小さな昆虫は、6本の足を巧みに操ってチョコマカ動くことで、身の安全を図った。

素早い動きを可能にするために神経ネットワークを発達させた動物は、膜電位の変動を高速で伝えるメカニズムを獲得していることが多い。魚類、鳥類、哺乳類などの脊椎動物では、ニューロン軸索の周囲にミエリン鞘と呼ばれる絶縁体の覆いをかぶせることで、信号伝達を高速化している。こうした高速化は生き残りを図るためだが、長期にわたる生存競争によって捕食者と被食者の均衡が実現されるため、サバンナでは、ライオンとシマウマがほぼ同じスピードで走り回っている。

捕食関係と並んで神経ネットワークの反応速度に影響を与えるのが、重力である。地表での重力加速度は9.8メートル毎秒毎秒なので、物体を自由落下させると0.5秒間に1.2メートルほど落ちる。この数値は、人間の場合、それぞれ拍動間隔と体長にほぼ等しいが、もちろん偶然ではない。重力が作用する中で身体を適切に保持できるように進化してきた結果である。

詳しい説明は省略するが、簡単に言えば、重力作用は「場所によって時間の流れが異なる」という相対論的効果の現れである[*5]。人間にとって、地球上ではどこも同じように時間が流れると感じられるのだから、時間の差異に起因する重力の作用は、本来、きわめて小さいはずである。実際、電磁気的な力に比べて重力は何桁も小さく、重力による落下速度は、他の基礎的な物理過程と比較にならないほど遅い。

ところが、人間はイオンの拡散を利用した緩慢な思考を行うため、きわめて遅いはずの落下がストンと落ちる素早い動きに見えてしまう。その程度のゆっくりした認知スピードでも、重力に抗して身体をコントロールすることは、決して困難ではないのである。

認知スピードを上げるには、それなりにコストが掛かる。人間の神経系

*5　地球上では標高によって時間の流れ方が異なっており、地球の中心に近いほど時間がゆっくり流れる。2020年に東京スカイツリーで行われた実験では、地上階に置かれた時計よりも、そこから450メートル高い展望台に設置した時計の方が、1日あたり4.26ナノ秒（1ナノ秒は10億分の1秒）速く進むことが実証された。地表で物体を放り投げた場合、本来は慣性の法則に従って直線運動するはずなのに、地球の中心に近い側で時間がゆっくり経過し速度が少し遅くなるため、そちらが内側になるようにカーブする。これが、放物運動である。

は、生き延びるために最適な反応速度を実現したと言えよう。

“モノ”の認識

人間の思考が持つ最大の特徴は、連続的な知覚データの中から、何らかのまとまりを持つ“モノ”を抽出しようとする性質にある。単純化して言えば、「空間の中にいくつかの物体が存在し、時間の経過とともに物体の位置や状態が変化する」という形での認識が構成される。ただし、こうした認識は客観的な事実ではない。物理現象は、（第I部で説明したように）場の状態が連続的に変動する過程だからである。

微小な生き物にとっては、物体の移動よりも、周囲の環境に生じる連続的な変動の方が重要である。ダニやヒルのような寄生生物は、宿主を見つけるのに、主に二酸化炭素濃度を利用することが知られている。二酸化炭素のデータを元に認識された世界は、当然のことながら、人間が抱く物体中心の世界像とは根本的に異なるはずである。

二酸化炭素濃度が高くなる方向に進んでいくというダニやヒルの生存戦略は、哺乳類のような比較的大型の動物には、役に立たない。陸上の大型動物が生きるために対処しなければならないのは、何よりも、まとまった塊として振る舞う物体である。餌となる動植物や自分を襲う捕食者、避けたり飛び越えたりすべき障害物などの（広い意味での）物体を素早く確実に把捉し、餌ならば掴まえ捕食者ならば逃走するといった対策を、即座に案出することが要請される。

まとまった物体を感知し、それが何であるか判断する上で、複雑に配線された神経ネットワークは有用である。神経ネットワークは、（続く節で説明するように）知覚データの中から安定した特徴を持つ部分を抜き出す能力を持つ。この能力は、いかなる形状の物体がどの方向に移動するかを認知するのに好都合だ。陸上で生活圏を拡大してきた大型動物に、神経ネットワークの発達した脊椎動物が多いのは、理に叶っている。

ただし、神経ネットワークは万能ではない。人間は、自分の思考能力が地球上で最高だと思いたがり、当然クラゲより賢いと信じているようだが、そうだとは言い切れない。神経ネットワークでは、連続的に複雑な変動を示すものに対処しきれないのである。

もしクラゲが究極的な進化を遂げ、さまざまなセンサーを介して感知された流速、温度、濃度などのデータに基づいて、周囲の3次元マッピングを行えるようになったならば、少なくとも水の状況把握に関しては、人間よりも賢いと言えるのではないか？

人間は、陸生大型動物という自分の立場に適応し、個別的にまとまった物体を素早く認知する能力を発達させてきた。進化したクラゲのように水の状況を直接感知することはできないが、緑の葉陰に紛れた赤い果実や、遠くからそっと近づいてくる捕食者を、早い段階で見つけるのは得意である。脳の神経ネットワークに基づく人間の知性は、あらゆる状況に対応できるものではなく、物体を認識することに特化されたツールなのである。

中枢神経系の反響回路

脳・脊髄といった中枢神経系に感覚器官から信号が入力されると、しばらくは複数のニューロンが興奮状態になる。ニューロン同士は、シナプスを介して結合しており、あるニューロンの興奮が軸索を伝わってシナプスに到達すると、結合する別のニューロンに対して、興奮性ないし抑制性の作用を与える。そこで何が起きるかについて、まず、ごく素朴な議論をしよう。

仮に、興奮性のシナプスだけでつながった一連のニューロンが、一周したのちに最初のニューロンに戻るループ状の配線になっていたとしよう。うまくいけば、ループ以外のニューロンに伝わった神経興奮が抑制性シナプスの作用ですべて終息し、ループの内部でだけニューロンの興奮がいつまでも回り続けるという持続的な状態に達するはずである（**図5.5**）。バスタブの水をバチャバチャとかき回したとき、はじめのうちは複雑な波が行き来するが、しだいに細かな振動は収まって、水全体が持続的に大きく振動する定常状態に収斂する——そんな緩和過程をイメージすれば良いだろう。

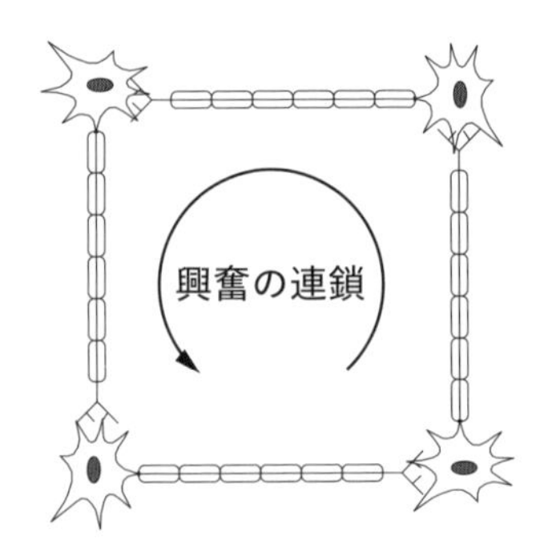

図 5.5: 興奮が維持される神経回路

実際には、こうした持続的な状態は、**図 5.5** のような単線的なループではなく、多数のニューロンを含む領域同士の相互作用を通じて生じる。神経ネットワークの特定領域に一時的な興奮が集中すると、ここからの出力が別の領域を刺激して興奮状態を引き起こし…という連鎖が続き、最終的にはじめの領域を再活性化するケースである。このように、興奮の連鎖によって持続的状態が生じる回路を、反響回路と呼ぶことがある[*6]。

反響回路を形成し得る領域は、脳の内部に無数に存在する。感覚器官から特定のパターンを含む信号が入力されると、反響回路のいずれかが活性化され持続的興奮が生じる。これが、脳におけるパターン認識の基礎過程だと考えられる。

ただし、興奮状態がいつまでも続いたのでは、酸素ラジカルが増えてニューロンが傷害されてしまう。こうした事態を避けるために、中枢神経系では興奮性よりも抑制性のシナプスの方がずっと多く、自然と興奮が収まる仕組みになっている。脳の場合、感覚器官からの入力信号がなくても、さまざまなノイズが自発的に発生するが、このノイズが抑制性シナプスを介して興奮を抑えるため、反響回路の興奮状態は、しばらく続いた後に必ず終息する。したがって、いつまでも同じ状態を続けるという物理学的な意味での「定常状態」とは異なるが、以下の議論では、話を簡潔にするた

*6　反響回路という用語は、神経科学において必ずしも定着したものではない。心理学者ドナルド・ヘッブが提唱したセルアセンブリの機能を説明するメカニズムとして議論されることもある。『脳科学辞典』の「セルアセンブリ」の項目（伊藤浩之 セルアセンブリ 脳科学辞典 https://bsd.neuroinf.jp/wiki/ セルアセンブリ）などを参照。

めに、あえて定常状態と呼ぶことにする。

特徴抽出のメカニズム

神経ネットワークで感覚器官からの入力が処理され、《反響回路の持続的興奮》という定常的な状態に達する過程は、元のデータに含まれる特徴を抽出する機能を持つ。その神経生理学的なメカニズムは必ずしも充分に解明されていないので、ここでは、科学的な厳密さを犠牲にして、推測を交えた素朴な話をしておこう。

視覚の場合、網膜上に分布する視物質が光を吸収して分子構造を変えると、その作用で視神経が興奮して脳に信号を伝える。この信号は、網膜における2次元的な図像の色や形についてのデータを含んでいる。こうした入力信号が、ニューロンを介して段階的に伝達されていく過程は、信号に含まれるデータの変換と見なすことができる。

神経ネットワークにおけるデータ変換には、数学の「積分変換」と似た性質がある。時間とともに周期的な変動を示すデータがある場合、数学では、その関数（あるいは、各時刻での詳細なデータ）に対してフーリエ変換と呼ばれる積分変換を行うと、周波数成分ごとの強度を与えるデータに変換される[*7]。

積分変換とは、元のデータの各点に（フーリエ変換ならば三角関数というように）特定の関数値を掛けてすべて足し合わせるという操作である。足し合わせることによって、元のデータが持つ大局的な性質を抽出することが可能になる。フーリエ変換の場合、局所的なデータを見ているだけだと、周期的な変動をしているとはわからない。しかし、フーリエ変換することにより、ある周波数に対して鋭いピークを持つグラフとなり、周期性という非局所的な性質が際立つ。

神経ネットワークを電気的な興奮が伝わる場合も、同じように、大局的な性質の抽出が行われる。あるニューロンが複数のニューロンから信号を受け取る場合、同時に信号を送るニューロンの数と、各シナプスの結合強

*7　元のデータが、特定の周波数（振動数）を持つ周期関数に重みをつけて足し合わせたものである場合、フーリエ変換すると、該当する周波数に鋭いピークがあり、ピーク値が元の重みに比例する関数になる（積分範囲に関して数学的な条件があるが、省略する）。

度がどのように組み合わされるかによって、受け手のニューロンが興奮するかどうかが決まる。この仕組みは、（細かな相違点を無視して強弁すれば）信号を送ってきたかどうかを表す０と１の関数と結合強度の積をとり、すべてのニューロンについて足し合わせた結果に応じて出力が決まるというものなので、積分変換とよく似ている。

感覚器官から直接伸びてきたニューロンが結合する相手は、それほど多くない。しかし、脳や脊髄の神経ネットワークになると、ニューロン間の信号伝達が何段階にもわたって行われる。数学の積分変換で言えば、積分範囲の狭い変換が重複しながら繰り返し行われるようなものである。このため、最初の段階では少数のニューロンだけしか関与しなくても、段階を経るに従って、最終的な出力に関与するニューロンの数は急激に増える。その結果、視覚ならば網膜のかなり広い範囲にわたる大局的な性質が抽出されることになる。

数学におけるフーリエ変換は可逆的な変換であり、フーリエ変換した関数に逆フーリエ変換を施すと、元の関数が復元される（**図 5.6**。わかりやすいように、有限個の正弦関数の和で表される関数を図示した）。しかし、神経ネットワークのデータ変換には数学的な厳密性がないため、信号が受け渡される過程で多くの情報が失われる。もっとも、これは困ったことではない。不必要な情報を捨てて、生存に有利になる情報だけを抜き出す機能と見なして良い。

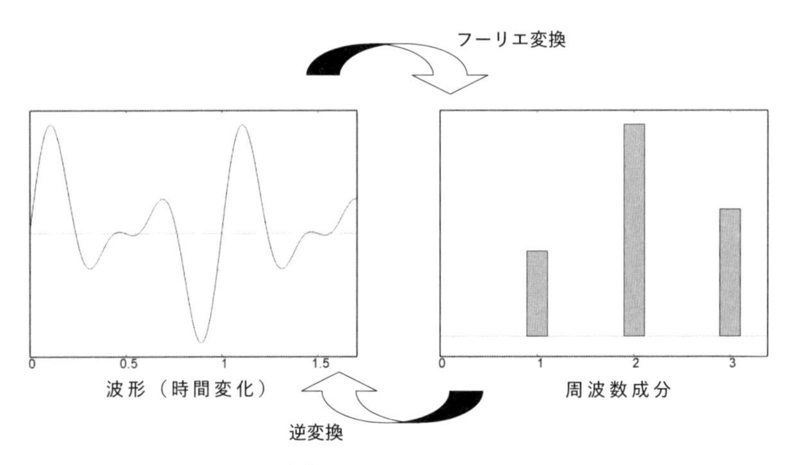

図 5.6: フーリエ変換とその逆変換

シナプス結合と観念

神経ネットワークに何らかの信号が入力されたとき、どんな定常状態に収斂するか、遺伝的にあらかじめ決まっているわけではない。このことは、学習が成立する上で重要な条件となる。

ニューロン同士を結びつけるシナプスの結合強度は、状況に応じて変化する。最も単純な変化は、興奮の頻度に応じて生じる。たびたび信号を受け渡すシナプスの結合は一般に強化され、逆に、使われないシナプスはしだいに失われていく（そうでない場合もある）。シナプスの結合強度が変化するにつれて、最終的に到達する定常状態も変わる。

この法則に従うと、繰り返し体験する感覚刺激への応答が強化されやすい。例えば、よく目にする図像に対しては、特定の定常状態に達することが多くなる。このとき、網膜に投影される視覚像が常に同一である必要はない。神経ネットワークで段階的にデータ変換が行われる際、前段で同じ大局的性質が抽出された場合、後段では共通のデータ変換が行われるはずである。したがって、後段における変換過程が頻繁に繰り返されることになり、シナプス結合が強化される。

例として、星形が目の前に何度も現れる場合を考えよう（**図5.7**）。このとき、星形の位置や大きさ、向き、動きなどにさまざまなケースがあるため、網膜上の像は異なっている。こうした図像の信号が視神経によって脳に入力されると、当初は、異なる興奮パターンをもたらす。しかし、段階的にデータ変換を行った結果として、「星形」という共通の性質が抽出された段階では、同じ反響回路が活性化されるはずである。

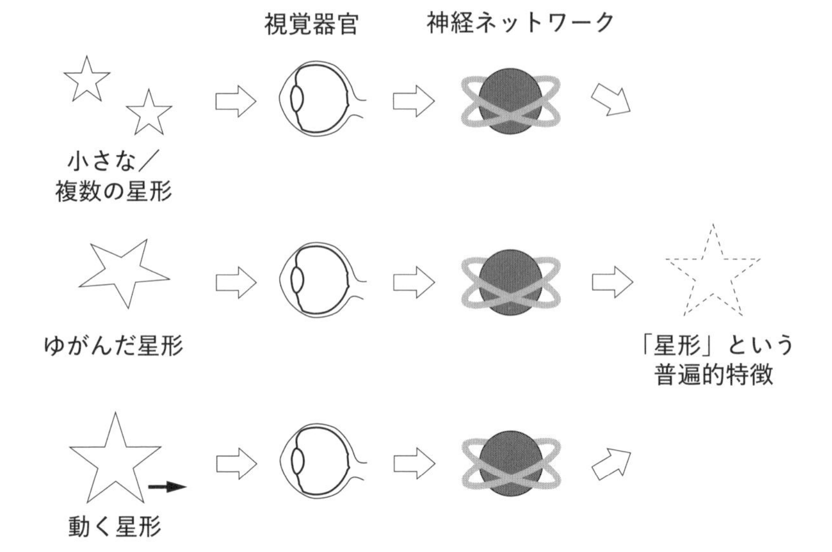

図 5.7: 特徴を抽出する神経ネットワーク

同様の学習は、もっと複雑なケースでも成り立つだろう。猫の姿をたびたび目にするうちに、「歩いている猫／座っている猫」「こちらを向いた猫／そっぽを向いた猫」「怒っている猫／楽しそうな猫」といった違いを捨象して、「猫」を含む入力が常に特定の定常状態に達するようになる。この定常状態は、見え方の異なるさまざまな猫に共通する普遍的なもの、すなわち、「猫の観念」と見なすことができる。

以上の議論は、多くの論点を無視した素朴なものである。例えば、興奮の頻度だけで、特定の定常状態に達するような強化が行われるとは限らない。おそらく、ある定常状態に達することが生存に有利だと判明したとき、何らかのフィードバックによって、そこに達するシナプス結合が強化されるだろう。

ただし、次の点は強く主張したい。人間の思考は、神経興奮が何らかの定常状態に達することを、基本的なステップとする。感覚器官や記憶の想起、あるいは、これといった刺激なしに発生したノイズをきっかけとして、ニューロンからニューロンへの興奮の連鎖が生じる。その過程で段階的にデータ変換が行われ、どこかで定常状態に達して安定する。このようにして持続性のある観念に到達するのが、思考と呼ばれる神経活動なのである。

反響回路は神経ネットワークの一部であり、孤立しているわけではない。このため、ある反響回路が活性化されると、共有するネットワークの一部を介して他の反響回路に作用を及ぼす。それぞれの反響回路が特定の観念に対応するのならば、こうした相互作用の関係は、思考における観念の連合を意味する。観念の連合は、感覚入力に直接的に依存していない（抽象的・観念的な）思考過程において、枢要な役割を果たすと推定される。

人間的な知性

知性とは何か？ 人間だけが手にできた天からの賜物——と考える人は、今ではあまりいないだろう。ダーウィンの進化論に従って神経ネットワークが高度に発達し、複雑な情報処理が可能になった状態が、知性と呼ばれてしかるべきものである。したがって、知性は生物が置かれた環境に左右されており、外界のあらゆる問題を対象とし得るような汎用的なシステムではない。人間の場合も、視覚を偏重するあまり、出来事の時間的な厚みを感じにくいといった制約が指摘できる。

人間が置かれたのは、栄養が不足気味で生物同士の捕食が激しい争いになっている環境である。こうした環境では、餌や捕食者の存在を素早く察知し、飛びついたり逃走したりといった反応を迅速に行うことが、生存に有利となる。このため、人間の祖先は、餌や捕食者のような物体的存在に関する認知能力を進化させた。知性を持ったクラゲならば、流速や温度などの連続的なデータを重視するだろうが、人間は、物体に関する情報を視覚データから抜き出して分析することを優先する。

こうした認知戦略は、物体中心に外界を理解しようとする傾向性を生む。現実の世界は時間的にも空間的にも連続的に変動するが、人間は往々にして、この状況を物と物との単純な関係に置き換えて理解する。生存率を高めるには、その程度の理解で充分だからである。「餌か捕食者か」のような生きる上で重要なポイントさえ把握できれば、美しい模様があるか、以前に遭遇したことのある個体か——といった要素は無視してかまわない。

人間の思考は、感覚器官を通じて流れ込んでくる膨大な連続的データの中から、特定部分を物象化（モノとして対象化すること）して抜き出し、その一般的な性質を学習記憶に基づいて理解する。このとき利用されるのが、神経ネットワーク内部に生じた定常的な興奮状態だと考えられる。個別的な対象（例えば、目の前を横切った猫）に関する感覚器官からの入力が、反響回路の活性化という形で実現された一つの観念（猫一般という観念）に収斂したのである。人間は、脳の中でこうした観念を連鎖的に形成することで、思考を進める。

もちろん、特定の観念に収斂しない、言わばモヤモヤした状態で神経ネットワークの興奮が続くことも多い。だが、意識化された具体的思考の根幹となるのは、物象化した対象を観念に基づいて理解する過程である。

錬金術は何を間違えたのか

物象化と観念を根幹とする思考は、かなり応用性が高くさまざまな領域に適用できるものの、万能ではなく、誤った結論に導くケースもある。誤りの具体例として、（認知心理学的な重要性はないが、印象的だと思われるので）錬金術を取り上げよう。

錬金術は、「中世の非科学的な謬見」と思う人も多いだろうが、実は、イスラムを含むさまざまな文化圏で考案され、かなりしっかりと体系化された合理的な理論である[*8]。

錬金術の基本思想は、物質的な性質の原因をエレメント（元素）という形で物象化し、「あるエレメントが含有されると特定の性質が発現される」と見なす考えである。例えば、固さを実現するエレメントが存在しており、鉄はこのエレメントを多く含有するから固く、金は少ないので柔らかいと考える。

一方、鉄は錆びやすく金は錆びない。銅や鉛は鉄より柔らかく、錆が表面だけにとどまるという性質がある。水銀は金よりも柔らかく、錆もほとんど見られない。とすると、固さと錆びやすさは同じエレメントの特性ではないか。そこで、このエレメントがほとんどないと思われる水銀をベー

*8　錬金術の方法論は、時代と地域によって大きく異なる。中世末からルネサンス期のヨーロッパでは、自然界に内在する力をコントロールすることで、人造人間ホムンクルスの合成も可能だとする魔術的な一派も現れた。本文で取り上げたのは、合理的な（魔術的でない）錬金術であり、こちらの方が主流と言って良いだろう。

スとし、鉛に少しだけ含有される固さのエレメントをうまく結合させてやれば、金が生成されるはずだ――これが、錬金術師の発想である。合理的に体系化され明確でわかりやすいが、根本的に間違っている。

錬金術の誤解は、性質が実体的なエレメントに由来すると見なす点にある。こうした考え方は、人間の一般的な思考法であり、決して過去の謬見ではない。例えば、遺伝子は、特定の環境下に置かれた細胞がどのように応答するかを定める指示書であり、生物全体の形質を決めるものではない。ところが、「肥満の遺伝子」のように、それを持つと特定の形質が不可避であるかのように思っている人が少なくない。人間は、さまざまな要素が複雑に絡み合ったシステムを理解するのが、本来不得意なのである。

ただし、こうした問題点を回避し、思考能力が持つ本来的な限界を超えることは、不可能ではない。次の第6章で、そうした方法論を見ることにしたい。

人類を補完するもの

中枢神経系の発達した生物は、神経ネットワークによって獲得された知的能力を生存戦略に利用するようになった。この能力によって、遺伝子に記録された通りの動きしかできないアメフラシなどと比べると、複雑に変動する状況にかなり柔軟に対応できる。だが、それでも万全と言うにはほど遠い。学習記憶は一代限りであり、新たに生まれた個体は、短期間で基本的な行動パターンを習得する必要に迫られるからである。その結果、多くの生物は、「捕食者の接近を感知したときには、反対方向に逃走する」といった単純で応用性に乏しいパターンしか身につけられなかった。

鳥類や哺乳類など子育てを行う動物は、この限界を突破する道を見いだした。育児期間中に親を模倣しながら行う学習を通じて、情報を外部とやり取りできるようになったのである。カラスやクジラなどで観察される「鳴き交わし」は、そうしたやり取りの一例である。

音を発生させて仲間に特定のシグナルを伝えることは、昆虫を含む多くの種で行われる。しかし、ある個体が出した音を耳にした別の個体が、その内容に応答して音を発生させるという社会的行動は、神経ネットワークが高度に進化した一部の種にしか見られない。

鳴き交わしは、聴覚器官からの入力と発声器官への出力を使って、他の個体と情報をやり取りするもので、1個体だけでは入手困難な情報が利用できるため、うまく機能すれば、きわめて有効な生存戦略となる。この戦略が獲得されるまでの進化過程は明らかではないが、推測するに、鳴き交わしを実行する上で役に立つ遺伝子、例えば、危険を察知する部位と発声器官へ指令を出す部位の神経接続を密にするような遺伝子が、自然選択を通じて少しずつ定着していったのだろう。

ここで指摘したいのは、外部とのやり取りをするには、情報のコード化に“ゆるさ”が必要だという点である。ある鳴き声が「外敵の襲来」の意味に固定されていたならば、危険を伝えるシグナルとはなっても、鳴き交わしの素材としては、あまり効果的でない。状況に応じて意味を変容させられる余裕があって、はじめて情報の密接なやり取りが可能になる。

人間が、鳴き交わしを言語による会話へと進化させる際には、こうした“ゆるさ”が特に重要な役割を果たしたと考えられる。人類の祖先にとってヒョウは恐るべき捕食者であり、その存在を知らせるために声を上げることがあったろう。このとき、否定詞「ない」があるかどうかで、情報伝達の自由度が大きく変わる。同じ「ヒョウ」という音韻を含んでいても、「ヒョウがいる」と「ヒョウはいない」では意味が正反対である。「ヒョウ」はもはや危険性の意味づけがなされたシグナルではなく、否定詞を連結することで意味を反転させられる、機能性を持った言語なのである。

人間が他の動物を圧倒するだけの知性を獲得できたのは、神経ネットワークが固定的ではなく、“ゆるさ”や“ゆとり”があったためではないだろうか。

本章では、そうした“ゆるさ”が顕著な知的進歩をもたらした例として、「数を数える」ことを取り上げたい。「数を数える」ことは、幼児でもごく当たり前のように行うので、その意義に無頓着な人も多いだろう。しかし、2桁の数を数えられる動物が（おそらく）人間以外にいないことからわかるように、神経ネットワークの機能をフルに使った、高度に抽象的な作業なのである。

直観できる個数

人間は、似たタイプの物体が複数個存在するとき、4個くらいまでなら瞬時に個数を把握できる。**図6.1**のように、何個かの黒丸が散らばって描かれた図を、数百ミリ秒という短い時間だけ被験者に提示すると、多くの人は、1個から4個の黒丸なら即座に個数を捉え、短い反応潜時で答えられる。しかし、5個以上になると、個数の増加とともに反応に要する時間が長くなる（ただし、個人差があって、誰でも5個以上とは限らない）。

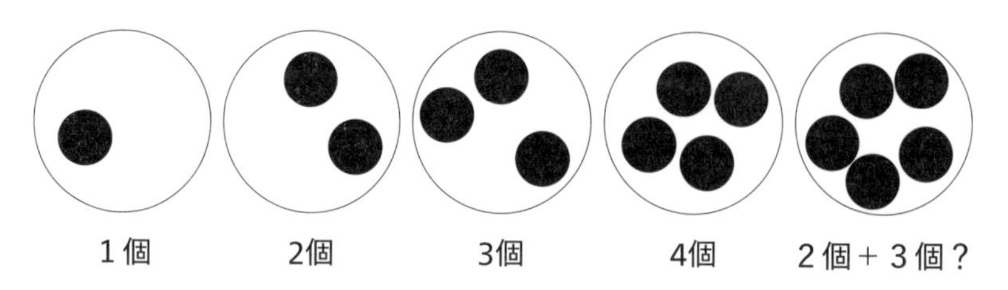

図 6.1: 直観できる個数

1個から4個までの個数を瞬時に把握できるのは、数えていないからである。視覚の場合、後頭葉視覚野に入力されたデータは、神経ネットワークによって形状や運動などに関する特徴に分解され、抽出されたそれぞれの特徴ごとに出力される（「星形」という特徴の抽出を描いた**図 5.7** を参照）。4個以下の個数は、こうして抽出される普遍的な（対象が何であるかによらない）特徴の一つと考えられる。つまり、「2個」とか「3個」といった個数は、「一つ、二つ…」と数えた結果ではなく、ひとまとまりの特徴として直観的に認識できるのである。しかし、5個になると、2個と3個に分割しなければ個数が把握できない人が多い。

4個以下の場合に見られる直観的な認識能力は、ソロバンを習うと暗算が得意になることに現れる。例えば7という数ならば、ソロバンの1玉2つ、5玉1つでイメージできる。7 + 8を計算するには、1玉で2 + 3、5玉で1 + 1を求めれば良いが、これらの数は、すべて4以下なので直観的に把握され、即座に暗算できる。ソロバンが暗算能力を向上させるための（そしておそらく、個数という概念の本質を理解させるための）最良のツールであることがわかるだろう。

人間以外の哺乳類や鳥類でも、チンパンジーやカラスなどのように、少ない個数ならば数えることなく直観的に認識できる種がある。しかし、人間は、「数を数える」というアルゴリズムを見いだすことで、先に進むことができた。

個数概念を拡張する

人間の眼球は、対象の輪郭をなぞったり周辺の対象との位置関係を把握したりするために、常に細かく動いており、それに応じて、注意の向け方も変わる。

3個の碁石を見る場合、三つまとめて捉えることもできるが、まず1個の碁石に注目してから、視線を移して残りの二つを見ることもある。三つまとめて捉えたときには、数えなくても直観的に「3個」という特徴が抽出される。また、1個の碁石と残りの部分に分割して眺めた場合、分割の仕方は三通りあるが、どのように分けても残りの部分が「2個」という特徴を持つ（図6.2）。

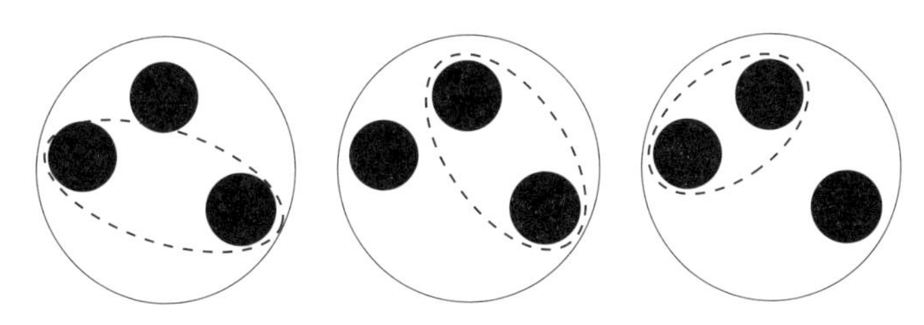

図 6.2: 3 個を 1 個と 2 個に分ける

碁石が2個や4個のときも、同じように、1個と残りの部分に分けて扱うことができる。人間は、この分割を一般化することで、形式的な操作に基づくアルゴリズムを開発した。何個かの碁石を見たとき、即座に認識される「3個」とか「4個」といった直観にとらわれず、1個とそれ以外に分けるだけの“ゆるさ”があったのだ。

碁石のように、識別可能で変化しない対象の集まりを考えよう（これは、数学の集合論では、自明すぎて言明されない前提である）。この集まりに対して、1個付け加えたり取り除いたりという操作を行うものとする。4個以下なら、個数が直観的に把握でき、1個を付け加えたり取り除いたりすると、個数が変化することがわかる。元の集まりが2個ならば、どこから持ってきたものであっても、1個を付け加えると、直観的に3個と捉えられる集まりになる。それでは、「付け加える」という操作をどこまでも繰り返すとどうなるか？

直観によると、個数は確定された全体的な特徴だが、あえて、特定の1個を付け加えたり取り除いたりすることで､「数を数える」という新たな手法が開発される。数を数えることで得られる「個数」の概念は、対象が少数のときにのみ直観的に把握できる特徴を、対象がたくさんある場合にまで拡張したことに相当する。

数を数える

個数を知りたい対象の集まりを、「これから数える」グループAと「すでに数えた」グループBに分割する。最初は、すべてがグループAに含まれ、グループBは何もない状態である（0という数詞は、かなり後になって発明された）。そこから始めて、グループAから任意に1つを選んでグループBに移すという作業を行うことにする。現代人は、こうした作業を頭の中だけで遂行できるが、古代人は、当初は実際に対象を移動し、しだいに指を折ったり石や小枝を並べたりして個数をシンボリックに表す方法を開発したのだろう。

4個以下の直観と同じだとすると、グループBの個数は、グループAのどれを付け加えたかによらず、単調に変化する。個数を何らかのシンボルで表すならば､このシンボルの列は単線上に並べることができる。「数を数える」には、グループAからグループBに対象を一つ移すたびに、数を表すシンボルの列を一方向的に順番にたどっていけば良い。グループAが何もない状態になったときに示されたシンボルが、元々の集まりの「個数」を表す。

図6.3では、グループAから移動した碁石を､1列に並んだマス目に並べていく作業を図示した。マス目の下に記された線分や漢字は、マス目を区別するためのシンボルであると同時に、グループBの「個数」を表す数詞としての役割も果たす。

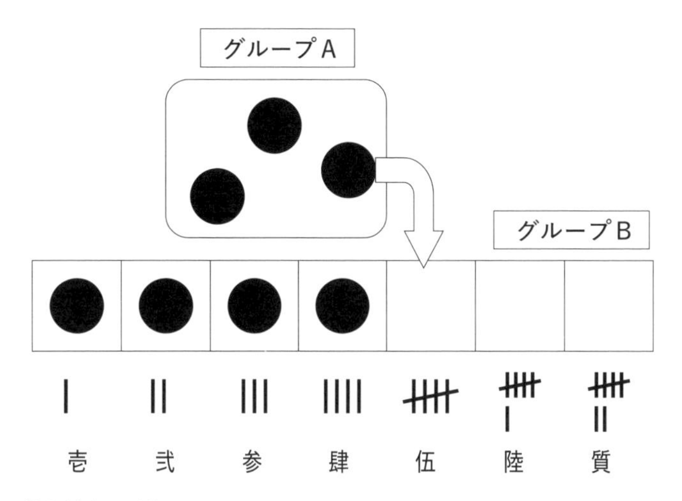

図 6.3: 数を数える手順

ここで重要なのは、「数を数える」という作業が、何を数えるかによらない形式的な手法として与えられたことである。**図 6.3** は、数えられた（グループBに含まれる）対象と、マス目あるいは個数を表すシンボルの間に、1対1の対応が付けられることを意味する。

こうした形式的な作業手順は、一般にアルゴリズムと呼ばれる。神経ネットワークの定常状態を利用するだけでは、比較的単純な観念連合しか行えない。しかし、アルゴリズムに基づいて外部の対象に（移動したり目印をつけたりするなどの）何らかの操作を行い、その結果として得られた「個数」を数詞などのシンボルを使ってアウトプットできるならば、さまざまな応用への道が開かれる。「数を数える」能力を身につけたことは、人類の文明史において瞠目すべきステップである。

自然数は実在するか?

ここまでの議論で示されたように、「数を数える」とは人間が採用した一つの作業手順であって、人間の認識と独立に「個数」が実在するわけではない。個数が決定できるのは、人間が数を数えようとする対象に限られる。

1個のミカンがあったとして、皮をむいて何房か食べた残りは、いったい何個なのだろうか？ 冗談と思われるかもしれないが、自然界には、こんな冗談みたいなケースが無数にある。繁殖や死があるので、生物の個体数は、明確な条件を定めなければ確定できない。バクテリアのように、細胞分裂を起こしてクローン個体が増殖するものもある一方、菌類などでは、細胞融合によっていくつもの遺伝子を併せ持つ個体が生じる。鳴門の渦潮で渦巻が何個あるかは、数えることもできない。岩石は、成分や生成過程の異なるさまざまなパーツが固く合体しており、個数という概念になじまない。

明確に識別できる少数の対象を視覚的に捉えた場合に限り、神経ネットワークによって個数に相当する特徴が抽出される。こうした直観的な対象認識を、アルゴリズムという具体的な手順に拡張したのが、「数を数える」という作業である。

直観的に把握できる個数は、せいぜい4個までである。しかし、対象を一つずつ数えることを数の列で「次に移る」操作として形式化すれば、この操作をどこまでも続けることにより、個数がいくつであっても表記可能な数の体系が構成できる。数学では、数を数えるときに利用される数字の系列を、「自然数」と呼ぶ。具体的には、1から始めて、「その次の数」を順に並べていったときに得られる2, 3, 4,…という系列が、自然数である（自然数の系列を0から始める流儀もある）。

自然数は、その名に反して自然界に存在する数ではない。「数を数える」という作業をアルゴリズムとして定式化する際、個数を表記するために案出されたアーティファクト（人工的な虚構）なのである。

ペアノの公理

自然数の体系は、次の5つの公理を使って数学的に構成される。これらの公理は、提案した数学者の名前をとって、ペアノの公理と呼ばれる。

1. 1は自然数である
2. どの自然数にも「その次の自然数」が存在する（系列としての自然数の定義）
3. 「その次の自然数」が1になる自然数は存在しない（1が自然数の

系列の出発点）

4. 「その次の自然数」が等しい2つの自然数は等しい（自然数の系列は単一で、2つの系列が合流することはない）
5. ある性質が、(i)1については成り立つ、(ii)もし特定の自然数について成り立つならば「その次の自然数」についても成り立つ——という条件が満たされれば、すべての自然数について成り立つ。

厳密さを担保するために抽象的で難解な表現を用いているが、要するに、自然数が「1」を端とする単線的な（分岐・合流のない）どこまでも続く系列であることを、きちんと言い表したにすぎない。これらの公理は、対象の集まりに一つ付け加えるといった具体的な操作を、「その次の自然数」という抽象的な概念に置き換えた内容になっている。

公理5.は、素朴に言えば、1から順に「その次」をたどっていくと、自然数全体が尽くされることを意味する。系列の端で成り立つ性質を系列全体へと敷衍するための論拠であり、数を数えるというアルゴリズムに、これと同じ主張は明示されていない。だが、「4個以下で成り立つ性質を一般化し、直観で捉えられる限界を超えて数える」という方法論は、厳密ではないにしても、公理5.の内容を含んでいると考えられる。

なお、自然数論を展開するために必要な足し算や掛け算などの演算は、「その次の自然数」を用いて付加的に定義される。自然数を扱う数論には、フェルマーの大定理や素数定理など難解な話がいろいろとあるが、これらはすべて、ペアノの公理に演算の定義を付け加えるだけで議論が可能になる[*9]。新たな公理を導入する必要はない。

ペアノの公理は、自然数が人工的に定義されたものであり、実在的な何かではないことを明確にする。このことは、実数や複素数など自然数以外のすべての数にも当てはまる。これらの数は、いずれも人間が考案したアー

*9 演算を導入すれば、数の体系を自然数から拡大することもできる。足し算の逆演算である引き算は、自然数だけで常に答えが得られるとは限らない。自然数に0と負数を加えた「整数」を定義することで、引き算が常に解を持つようになる。同じように、割り算が(0で割る場合を除いて)常に解を持つように「有理数」を定義し、有理数の体系が連続になるように無理数を加えることで「実数」が定義される。さらに、すべての代数方程式が解を持つように拡大したのが、「複素数」である。

ティファクトにすぎない[*10]。

“ゆるさ”による知性の進化

人間は、主に神経ネットワークというハードウェアを使って思考する。このハードウェアは、物理法則に従って機能しており、それ故に多くの制約を受ける。本来、どんな問題でも考察の対象にできる汎用的なツールではない。

それでは、物理的な制約を受けながら、なぜ人間の知的能力は、ほとんど無際限と言いたくなるほどの柔軟性を持っているのか？ その理由は、アルゴリズムの利用という、ある種の“ゆるさ”のある手法を開発できたからだと考える。

外界の情報から特徴を抽出して観念化するだけならば、中枢神経系を持つが高度な知性はない動物でも実行できる。複数の観念を連合させたりすることで、多少は知性的な認知操作を進めることも可能だろう。しかし、神経ネットワークにゆるさがなければ、特定の入力に対する出力が固定されてしまう。「捕食者が近づいてきたので逃走する」「餌が豊富にあるのでここでしばらく食事をとる」といった硬直的な思考に留まり、戦略的な行動の選択は困難なはずだ。

これに対して、形式的な作業手順であるアルゴリズムは、形式が与えられているだけで、具体的に何をどうするかは決まっていない。たくさんの集まりを数えるとき、何からどんな順番で数えるかは、自由である。個数を表すためのシンボルは、指を折っても線分を記しても、あるいは、アラビア数字のように多くの人が共有する記号を使ってもかまわない。

個数を問題にする場合、どこまでをひとまとまりにして扱うかも、確定

*10　本書の議論からは逸れるので本文では指摘しなかったが、実数が（物理学的な意味で）リアルでないことは、基礎物理学を構築する際に重要である。実数の特徴はスケール不変性であり、実数の一部分を引き延ばしたり押し縮めたりしても、以前と（数学的な意味で）同型の実数体になる。この性質が、無限小解析の基礎となる。ところが、ミクロの極限において時空には厳密なスケール不変性がないと考えられており、時空のスケールを変えると物理法則も別の形式に変換される可能性がある。したがって、根源的な物理現象が、時空座標を変数とする微分方程式で記述されることはないだろう。私は、厳密な微分方程式ではなく近似的な積分方程式が、世界の根源を記述する方程式だと推測している。

していない。人間以外の知的な動物ならば、3個の果実が並んでいると直観的に「3個」と把握するだけだろうが、人間は、頭の中でいくつかの部分に分けて考えるゆとりがある。そのため、2個だけ食べて1個を後のために残しておくとか、3人に1個ずつ分配するといった合理的な方策を案出できる。

人間の脳に構築された神経ネットワークは、入力が与えられれば出力も一意的に決まるといった厳格なシステムではない。形式的なアルゴリズムに基づく思考は、（「形式的」という語感に反して）具体的に何をどう適用するかが確定しておらず、ある種の“ゆるさ”や“ゆとり”がある。そのせいで、似たような状況に対してまったく異なる応答を示すこともある。「ヒョウ」という音韻は、危険性を表すシグナルに固定されているのではなく、「ヒョウはいない」と否定詞を続けることで、安全を意味する言語に変化させられる。

こうしたゆるさは、いかにして生じたのだろう？ 確実な証拠があるわけではないが、推測するに、きわめて複雑化した人間の脳では反響回路が完全に安定した定常状態に到達できず、常にランダムな微小変動をフラフラと続けることに起因するのではないか。こうした揺らぎは、生存に不利な行動をもたらすことも少なくないが、その反面、硬直した観念連合だけでは到達できない斬新な思考を可能にし、人間的な知性を生み出す元になったとも考えられる。

科学の始まり

脳が担当する最も重要な機能が、近い未来を予測することである。視覚や嗅覚が捕食者の接近を捉えたとき、そのままでは危険な状況に陥る可能性が高いと予測した脳が、逃走を指示する。ただし、多くの動物では、予測の範囲が限定的で、刺激に対する応答は決まり切ったパターンとなる。

一方、揺らぎのある神経ネットワークの効果で思考の自由度が増した人間は、さまざまな方向に考えを進める手法を編み出した。ある状況から予測される未来は、自分がいかなる行動を選択するかまで含めると、無数のパターンがあり確実な予測が難しい。そうした中、人間の脳では前頭前野が司令塔となって、多方面から収集した情報に基づいて幾通りもの予測を生成するように進化した。

額の内側にある前頭前野は、大脳の各部位と密接な結合を持ち、頭頂葉連合野で処理された知覚情報や側頭葉に蓄えられた記憶情報を受け取りながら、適切な判断を模索し行動方針をプランニングする。特定の知覚情報から単一の確定的な行動方針（「捕食者が近づいているので逃げる」のような）を導くのではなく、形式的な思考によってさまざまな可能性を比較考量する機能を担う。こうした機能は、大局的な観点に立って判断を下すという人間的な知性への道を開くものである。

少しこじつけに聞こえるかもしれないが、前頭前野が可能にした人間的思考の極みが、科学ではなかろうか。

科学とは、「仮説を立てて検証する」ことを基本的な手順とする学問の方法論である。仮説の検証に必要なのは、「その仮説が正しいと仮定し、演繹によって帰結を導く」「導いた帰結が現実に成り立っているかどうかを、観測や実験で確認できる」ことである。ドグマにとらわれることなく、多様な可能性がどこに通じているかを予測する思考法は、前頭葉の発達した人間ならではと言って良い。

思考を模倣する機械

人間の思考は、神秘的な力によって本質を直観するといったオカルト的なものではない。神経ネットワークにおける信号伝達をベースに、外部とのやり取りを導入することで情報処理能力を高めた、物理的な過程である。したがって、子細に観察して仕組みを解明し、それを模した技術によってシミュレーションすることも可能なはずである。実際、コンピュータや人工知能と呼ばれる技術は、思考過程をある程度まで再現できる。

現在のコンピュータが持つ能力は、人間の中枢神経系に比べると、遥かに貧弱である。人間の大脳皮質には、ニューロンが百数十億本程度（正確な数はわかっていない）、中枢神経系全体で千億から二千億本くらい存在する。知性の基盤となるシナプスは、ニューロンの総数より何桁も多く、大脳皮質で百兆個以上あると推定される。これは、現在のスーパーコンピュータにおけるトランジスタ数を大幅に上回る。

もっとも、単にトランジスタの集積度を上げていけば、いつかコンピュータが脳に追いつけるわけではない。重要なのは、「脳は、ニューロンが導線、シナプスがスイッチ回路に相当する一種の電子回路だ」という見方が誤っており、ニューロンやシナプスそのものが、きわめて複雑な機能を実現する一種の精密機械と見なされる点である。

ニューロンは、（活発ではないものの）生涯にわたって増殖能力を維持しており、脳梗塞などで傷害を受けたときは新たな回路を作り出す。シナプスは、状況に応じて結合強度を変えており、新たなシナプスの形成や消滅も頻繁に行われる。こうしたダイナミックな変化まで含めると、人間の脳に匹敵するコンピュータを作ることは、夢のまた夢と言って良い。

近年、神経ネットワークの機能をシミュレーションする人工知能（Artificial Intelligence, AI）が開発され、かなり高度な学習能力を備えていることが示された。こうした学習は、しばしば「ディープラーニング（深層学習）」という物々しい名前で呼ばれるが、単に、ネットワークを構成する階層の数が昔より多いというだけである。これを用いれば、有力棋士による囲碁の棋譜（対局で碁石が打たれた手順を記録したもの）をデータとして学習させ、ある局面のとき、勝率を高くするにはどう打てば良いかを示すこともできる。ディープラーニングの手法で開発された囲碁用AI「アルファ碁」は、2016年に対局でトッププロを下した。

しかし、たとえトッププロに勝てたとしても、囲碁のプロが素人に対して行う指導碁——適切な手筋がわかるように相手の実力に応じて打つ碁——を遂行できるAIが、近いうちに開発されるとは思えない。通常の対局のように、碁石の配置パターンや打ち方・勝ち負けのルールが明確な場合なら、AIでも対応できるが、曖昧な要素が加わると、とたんにAIではどうにもならなくなる。

ディープラーニングに基づくAIが役に立つのは、「患者のレントゲン写真から癌の兆候を見いだす」「商品棚付近での動きから万引きしそうな客を特定する」など、カルテに添付されたCT画像や監視カメラの映像のようなデータが充分に蓄積されており、癌・万引きといった探索の目的が明確な場合だけである（万引きする前に捕まるようになったら、それはそれで恐ろしい気もするが）。

AIに関しては、「Garbage in, garbage out（ゴミを入れたらゴミしか出てこない）」という格言がある。学習に用いたデータが質の低いゴミならば、精度の低い予測しか行えないという意味である。AIの過剰な発展が、人間の尊厳を脅かすシンギュラリティに達するという説もあるが、現在実用化されているディープラーニング・タイプのAIならば、そんな心配は無用である。

コンピュータの方が人間より優れている点も、いくつかある。第一に、処理スピードが速い。コンピュータは、電圧を印加し電子を移動させることで動作するので、イオンの拡散に依存する神経興奮に比べて、短時間で処理を行える。第二に、単調な定型的作業でも、うまずたゆまず実行し続けることができる。第三に、プログラムミスやハードウェアの故障がない限り、コマンドは正確に実行する。人間のようにケアレスミスをしない。こうしたコンピュータの長所をうまく生かせば、人間の短所を補完することが可能になるだろう。

カントのアンチノミー論

1781年にドイツの哲学者イマヌエル・カントが上梓した『純粋理性批判』は、西洋哲学史上、最重要著作の一つに数えられる。ここでカントが主張したのは、人間の理性的思考に根源的な制約が付くことである。

カント以前には、「理性的な推論によって、神の存在が証明できる」という主張がある一方で、「人間に世界の本質は何も理解できない」という懐疑論も広まっていた。こうした混乱を収拾すべく、カントは、理性が用いる推論方法を吟味したのである。

カントの主張は、実に明快である。理性が物自体を直観することは不可能である。物自体が実在するかどうかも、明らかではない。世界についての認識は、人間が独自に採用する原理に基づいた推測に過ぎない。そのため、理性では決して答えを出せない問いがある——カントはそう結論した。

理性が答えられない問題として提案されたのが、どちらが正しいとも結論できない正命題と反命題の4つの組である。カントはこれを、「純粋理性のアンチノミー（二律背反）」と呼んだ。簡略化して説明すると、次の通り。

1. 第一のアンチノミー：時間に始まりはなく、空間に限界はない（正命題）／時間に始まりがあり、空間に限界がある（反命題）
2. 第二のアンチノミー：実体は単純な要素で構成される（正命題）／単純な要素は存在せず、どこまでも分割可能である（反命題）
3. 第三のアンチノミー：因果的な自然法則以外に自由な法則がある（正命題）／自由は存在せず、あらゆる現象は因果的な自然法則に従う（反命題）
4. 第四のアンチノミー：絶対に必然的な何者かが存在する（正命題）／絶対に必然的な存在者などない（反命題）

第四のアンチノミーの場合、カントは神を念頭に置いていたが、「絶対に必然的」といった概念規定が曖昧なので、この命題を科学的に議論するのは無理である。しかし、それ以外の３つに関しては、現代科学でさまざまな具体的議論が行われている。つまり、カントの主張に反して、自己矛盾のない理性的な推論が可能なのである。カントの議論は、どこが間違っていたのだろうか？

人間の理性で物自体を認識するのが不可能だという主張は、正当である。近代科学の勃興期には、原子論や電磁気学が進展し、原子や場のような物理的な実体に関する完全な理論を構築できるという期待もあった。しかし、こんにち多くの物理学者は、こうした期待に対して冷ややかな眼差しを向ける。現在の最先端物理学で、物理現象の担い手として想定されているのは量子論的な場であるが、この見方が究極的な真理でないことは確実である。時空の変動を記述する一般相対論が、この理論の枠組みに収まらないからだ。また、ミクロの極限にまで外挿すると理論が破綻するため、どこかで根本的に作り替えねばならない。

ただし、究極の理論が完成できなくても、1.〜3.のアンチノミーに関してなら、二律背反を回避することができる。要するに、人間の理性は、カントが主張したほどかたくなで硬直的な思考法に束縛されるわけではない。もっと、ゆるさやゆとりのある考え方をしている。ここでは、第一アンチノミーで取り上げられた空間の有限性を取り上げよう。

カントは、太陽系と同等の島宇宙が数多く存在するという「島宇宙説」を提唱したこともあり、天文学に深い関心と相応の知識を持っていた。宇宙が有限か無限かという問題についても、自分であれこれ考えたに違いない。その末に、有限だと考えても無限だと考えても何かおかしなことになると気がつき、その理由付けとして、理性による空間の認識に原理的な制約があると発想したのだろう。単純化して言えば、人間の理性的な思考では、ユークリッド空間以外の概念形式で考えることができないという見方である。

しかし、日常的な思考を内省すればわかるように、空間に関する思考は、それほど型にはまっているわけではない。むしろ、さまざまな知覚データがごった煮的に混じり合った複合的な認識なのである。

空間認識が複合的なものであることは、歩行しながら自分の周囲を把握しようとすると感じ取れる。人間が利用するマップには、２種類ある。一つは、自分を含めたさまざまな物体が空間内部に併存するような客観的マップで、視覚的なデータが重要な役割を果たす。もう一つは、自分から見て物体がどのように配置されているかを表す主観的マップで、「手が届くところに扉がある」のように、身体の動きに関する情報と結びつく。脳損傷患者に見られる認知障害のデータによると、客観的マップは側頭葉、主観的マップは右半球頭頂葉が主に関与すると推測される。

人間だけでなく、マウスが客観的マップをイメージしていることは、迷路実験の結果などから判明している。迷路の入り口からしばらく進んだ場所にエサがあると学習させた後、マウスがよく通るルートの一部に障害物を置いて通れなくすると、すぐに迂回路を見いだしてエサに達する。マウスは迷路の全体像を視覚によって見渡すことはできず、分岐や曲がり角などの情報を感知するだけだが、それを客観的な俯瞰図に再構成しているらしい。

さらに驚くべきが、モグラのマップである。モグラは、複雑に分岐した巣穴を地中に作り、日常的な移動に利用する。エサの豊富な目的地へと至る経路の途中を障害物で塞ぐと、すぐに3次元的な迂回ルートを通ってエサ場に到達する。モグラはほとんど目が見えないので、視覚データではなく、触覚や嗅覚、体性感覚に基づいて3次元の客観的マップを描くのだろう。

一方、サルを用いた実験で、自分を中心とする主観的マップの存在が確認される。サルの身体を固定し、手の届く範囲にバナナなどの好物を置くと、脳の特定の神経が興奮する。手の届かない範囲に置いたとき、この神経は興奮しない。しかし、棒などを持たせて引き寄せられるようにした場合、手は届かないが棒が届く範囲にバナナを置くと、神経興奮が生じる。つまり、自分が身体を動かして操作できる範囲に存在する物体が、主観的マップの中に定位されるのである。

人が街中を歩いているとき、付近の建物などに注目すると、自分を中心として周囲に何があるかを表す主観的マップが意識される。しかし、よく知った目的地に向かう場合には、かなり広範な客観的マップがイメージされ、そのどこかに自分がいて移動するかのような意識が生じるだろう。しかも、意図的に内省すると、歩いているうちに客観的マップが更新されたり、何らかの物体に注目して主観的マップに切り替えられたりすることに気がつくはずである。

カントは、空間全体が一つの直観としてイメージされると考えたようだが、実際には、数多くの要素を組み合わせた複合的な認識なのである。こうした複合的な空間認識は、先験的な（すなわち経験によらない）ものではなく、経験を通じて少しずつ修正することが可能なゆとりがある。このことは、発達心理学のデータによって裏付けられる[*11]。

カントは、ニュートン力学の知識に基づいて、人間が直観的に認識する空間は「ユークリッド幾何学が成立するもの」だと想定していた。しかし、ユークリッド幾何学は、人間の手の届く範囲で（近似的に）成立する幾何学的性質が「どこまでも成り立つ」と仮定することによって得られる体系にすぎない。

ピタゴラスの定理などユークリッド幾何学の諸定理は、太陽系程度の範囲ではきわめて高い精度で成り立つ。しかし、ブラックホールの近傍や多数の銀河を含む宇宙論的なスケールになると、破れが生じることが知られている。観測によって、この破れ方が一般相対論の予測と一致することが示された。一般相対論における時空は、ゴムでできた媒質のように伸び縮みしており、ユークリッド幾何学の定理が成り立たない非ユークリッド的世界なのである。

アインシュタインは、1917年に、宇宙全体の幾何学的構造が近似的に4次元球の表面になるという理論を発表した。この宇宙空間は、体積が有限であるにもかかわらず、どこにも境界が存在しない。一般相対論を使えば、そうした空間を理性的に考察することができるので、アンチノミー論の反例となる。

第一から第三アンチノミーのどの議論に対しても、現代科学は矛盾のない解決法を提示した。第三アンチノミーについて簡単にコメントしておこう。

カントは、自由というものを人間の特権であるかのように理解し、因果的な物理法則と自由のある精神法則を区別したかったらしい。しかし、現

*11　特に重要なのが、ジャン・ピアジェによる発達心理学で、『発生的認識論序説（全3巻）』（田辺振太郎・島雄元訳、三省堂）などで紹介される。ピアジェは、幼児を被験者とするさまざまな実験を行って、空間や物質量の捉え方が成長段階によって大きく変わることを示した。

在の理解では､物理法則自体が厳密に因果的ではないと考えられており､物理法則に従いながら自由が担保される精神を想定することに、何の矛盾もない。

そもそも、物理的な過程を原因と結果に分けることに、原理的な根拠はない。

ニュートン力学の運動方程式は、加速度が力に比例するという形式で表されており､しばしば､力が原因となって加速度が生じると見なされる。しかし、これは正当な見方ではない。場の理論では、運動方程式に場の時間変化と空間変化を表す項が組み合わさった形で含まれ、加速度と力を分離することはできない。力を原因、加速度を結果と見なすことは原理的に困難である。

さらに、量子論になると、変化が厳密な運動方程式に従わなくなる。場の値には制御不能な揺らぎが含まれるため､「ある原因が与えられると、必ず特定の結果に至る」という対応関係は成り立っていない。因果関係は厳密ではなく、ビッグバンの瞬間に今日の夕食が何になるか決まっていたわけではない。

現代科学は、理性に対する原理的な制約としてカントが主張したことが、必ずしも正当でないことを明らかにした。しかし、単純にカントの主張がおかしかったと批判すればすむ話ではない。人間の思考が何らかの制約を受けるという主張自体は正しいのだから､『純粋理性批判』のどこが誤りでどのように修正すれば現在にも通用する主張になるか、個別的に検証していかなければならない。

第 III 部
意識とは何か

「そうしろとささやくのよ
　わたしのゴーストが」

士郎正宗著『攻殻機動隊』（講談社）p.30

<null>
わたし
</null>

伊藤計劃著『ハーモニー』（早川書房ハヤカワ文庫JA）p.355

一般的な文脈において、物理と心理、あるいは物と心は、対立的な要素として語られることが多い。物理は客観的世界の出来事、心理は主観的世界の出来事。物理は厳密に因果的な法則に従い、心理は因果律とは異質の自由な法則に従う。物理は自然科学の対象になるが、心理はならない。

しかし、人類が知性を獲得するまでの歴史的な流れを見ると、こうした対立は表面的なものに思えてくる。生命の誕生も知性の獲得も、高温熱源から大量の熱が海に流れ込むのに伴って生じた、局所的なエントロピー減少の過程である。生命や知性があらかじめ目標になっていたわけではなく、変異と選択というダーウィン進化によって成し遂げられた。その過程にだけ注目すると、起こりそうもない稀な出来事ではあるものの、原子と宇宙の間に存在する途方もないスケール格差を考慮すれば、宇宙のどこかで実現されてもおかしくない。

物理と心理が対立的なものとして認識されたのは、近代物理学がニュートン力学という機械的な理論を規範として構築されたからではなかろうか。ニュートン力学は、力が作用すると、それに比例する加速度で物体が運動するという内容である。この理論によると、物理現象は機械的な過程であり、世界がニュートン力学に支配されているならば、生物のような複雑精妙なシステムが自然に作り出されるとはとうてい考えられない。

こうした偏った見方は、20世紀以降に発展した量子論によって根底から覆された。量子論によれば、人間が作ったどんな精密機械をも凌駕する高性能分子機械が、物理的な法則に従いながら自律的に形成される。こうした分子が集まって、細胞組織や神経ネットワークが自然に作り上げられると考えて、何の不思議もない。

生命や知性の誕生を物理法則の枠内で解明できるとなると、物と心は別個のものではなく、物理的に同じ対象の二つの側面として理解できそうである。

ただし、心に関しては、さまざまな付帯的意味がまとわりつくので、下手に論じると誤解を招きやすい。そこで、「意識」という比較的理解しやすい対象に絞って論じることにしたい。意識という語は、(「環境意識が高い」のように) さまざまな意味で使われているが、本書では、主に神経生理学における用法を想定している。

この第Ⅲ部では、まず第7章で神経生理学に基づく意識の特性を論じ、続いて第8章で、意識と関連付けられる物理学理論として、場の量子論の解説を行う。さらに第9章では、この2つを結びつけるアイデアを述べる。

意識の問題は、現代SFにおける最重要テーマの一つである。士郎正宗の漫画『攻殻機動隊』では、全身サイボーグ化されたヒロインが、わずかに残された脳細胞にゴースト(魂)が宿っているとの思いから、その囁きに耳を傾ける印象的なシーンがある。一方、伊藤計劃の長編小説『ハーモニー』になると、ふつうに行動している人間から意識だけ消失する可能性が示される。いわゆる「哲学的ゾンビ」だ。方向性は違えども、人間の本質に向かい合う現代のクリエーターにとって、意識が避けられない論点であることが示される。

第7章 意識をもたらすもの

意識を語ることが難しいのは、その内容をわかるのが当の本人しかいないという事情による。他人の意識について、確実なことは何も言えない。コンピュータの原理を考案した数学者アラン・チューリングは、「機械は知性を持つか（あるいは、思考するか、意識があるか…など）」といった問題をやみくもに議論するのは無意味であるとし、外部の審査員と質問・回答をやり取りして人間か機械かを判定する「チューリング・テスト」を提唱した。機械であるにもかかわらず審査員によって人間だと判定された場合、その機械は「実に人間的だ」ということになる。ただし、この判定が知性や意識の有無とどこまで結びつけられるのかは、何とも言えない。

現在では、いわゆる「チャットボット」が進化し、うっかり者相手ならばチューリング・テストにパスする水準に達している。チャットボットとは、人間とチャット（端末を介した会話）をするように設計されたプログラムであり、何かを考えているわけではない。しかし、大量の会話データを学習させると、よくある定型的な質問に対してなら、適切に回答することができる。Wikipedia などの文献を読み込ませた場合は、まるで知的な会話を楽しんでいるかのようなやり取りすら行われる。短期間のチャットならば、ごく近い将来、誰もが生きた人間と錯覚するチャットボットが現れるだろう。

仮に、チャットした全員が相手を人間だと判定するほど高性能のチャットボットが作られたとすると、“彼”が知性や意識を持つのではないかと疑う人も出てくるはずだ。その疑問に対して、どのように答えれば良いのか？

ここで必要になるのは、科学的な知見である。チューリング・テストのように、「外から見て人間が判断する」という方法では、どうしても議論が紛糾する。もちろん、意識そのものを体験することは本人でなければできないが、意識に関与する現象についてデータを収集するだけならば、現在すでに、さまざまな計測機器を用いて実施されている。

この第7章では、医学・生理学に基づく科学的データを用いて、意識が持つ特性を考察する。こうした科学的データが明らかにしたのは、意識が神経興奮のパターンと密接に結びついており、少なくとも人間の場合、神経組織以外に意識をもたらす実体は存在しそうもないことである。こうした意識の特性が、どんな物理的過程によって実現されるかは、続く第8章と第9章で論じていくが、本章では、まず意識とはいかなるものかを感じ取っていただきたい。

意識のレベル

臨床的な意識レベルの評価法として広く認知されているのが、緊急医療の現場で使われるJCS（Japan Coma Scale）である。これは、「痛み刺激に対して顔をしかめるなどの反応をするか」「呼びかけに対して開眼するか」など、刺激に対する反応を「3-3-9度方式」と呼ばれる数値で表すもの。ただし、あくまで脳ヘルニアのような傷害の進行を客観的に評価するための「臨床上の便法」だと心得るべきだろう。

刺激に対する反応によって意識レベルを評価する方法は、臨床上は役に立つが、「意識とは何か」という問いの答えを求める際には、問題が多い。このことは、睡眠時の意識をどう扱うかという論点に注目すると、わかりやすい。

よく知られているように、睡眠には、急速眼球運動（REM）を伴うレム睡眠と伴わないノンレム睡眠があり、脳波の状態によって区別が可能である。レム睡眠時に刺激を与えて覚醒させると、「夢を見ていた」と答える人が多い。睡眠中は記憶を形成する海馬の活動が低下しているため、自然に覚醒したときには夢を覚えていないことが多いが、強制的に覚醒させたときの結果から、レム睡眠時には80%程度の割合で夢を見ていると推定される。

刺激に対する反応に基づいて評価すると、睡眠時の意識レベルはきわめて低いことになる。しかし、反応がないのは、感覚器官からの入力と運動筋への出力が脳の出入り口となるゲートで遮断されるからであり、脳が活動していないわけではない。神経生理学的には、レム睡眠時の脳は夢を見られるほど活動的である。とすれば、「意識とは何か」という論点からすると、「意識レベルはかなり高い」と考えるのが良さそうである。

ノンレム睡眠でも、夢を見ることがある。ぼんやりとした色や音などのイメージが中心で、明瞭なストーリー性には乏しいが、覚醒させたときに「夢を見ていた」と答えた場合は、ノンレム睡眠時でも低いレベルの意識があったと解釈するのが妥当だろう。

睡眠以外にも、刺激に対する反応では（神経生理学的な意味での）意識レベルを正当に評価できないケースがある。

いわゆる「植物状態」とは、目を開いたり嚥下やあくびをしたりするものの、外部からの刺激に対する応答ではなく、臨床的に意識がないと判定される状態を指す。無反応覚醒症候群とも呼ばれ、大脳はまったく機能しておらず、呼吸・眼球運動・瞳孔反射など、脳幹（中脳や延髄など）による反射だけが行われる状態と規定される（**図7.1**）。しかし、臨床的に植物状態と診断された患者の何パーセントか（アメリカの研究では20%程度）は、詳細な検査や死後解剖によって一部の大脳機能が維持されていたことが判明しており、神経生理学的な意味で意識があったかもしれない。

これ以降の議論では、熟睡中や植物状態のように刺激に対する反応が見られなくても、意識が存在し得るという立場をとる。意識レベルは、身体的な反応ではなく、脳の活動に基づいて判定すべきだという考え方である。

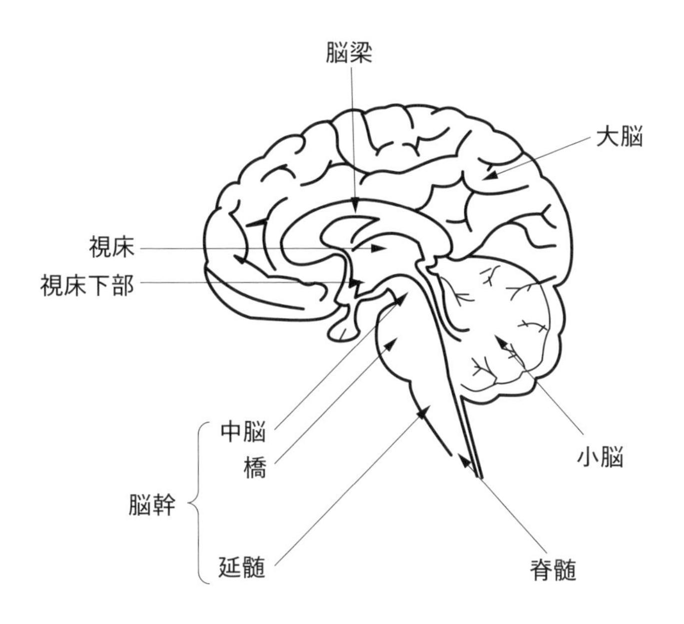

図 7.1: 脳の縦断面

意識は複雑な神経興奮がもたらす

人間の（比較的明瞭な）意識をもたらすのは、ニューロンの膜電位が大きく変動する電気的な興奮である。このことは、多くの科学者の一致した見解である。電気的興奮そのものではなく、その結果としてニューロンに力が加わり変形することが意識を生むという説もあるが、支持者は多くない。

神経興奮と意識の密接な関係を示す生理学的な実験は数多く存在するが、特に重要なのが、脳波の測定である。

脳波とは、脳神経の活動に伴って頭蓋周辺で生じる振動電磁場である。ニューロンの興奮は、イオンの出入りに伴って細胞膜の両側で電位差が大きく変動することだが、条件によっては、多数のニューロンが同期していっせいに興奮を繰り返すようになる。知的な作業は、大脳表面近くの新皮質で起きるニューロンの集団的興奮現象と結びつくことが知られている。こうした神経興奮に伴って周囲に生じる電磁場の周期的変動を頭皮の外から計測したものが、脳波のデータである。脳波とは、あくまでニューロンが集団的に活動する状況を表しており、個々のニューロンがどのように興奮するかを識別するだけの解像度はない。

患者に意識があるかどうかは、臨床上きわめて重要な問題である。筋萎縮性側索硬化症（ALS）のように、運動ニューロンが阻害されて身体を動かせなくなっていても、記憶や思考が保たれる疾病もあるので、外見だけで判断するのは危険である。

そこで以前から行われていたのが、何らかの刺激を与えたときに脳波がどの程度変化するかを調べる検査である。一般的に言って、刺激後に計測される脳波の周波数が低い（＝周期が長い）ほど、意識レベルは低い傾向にある。しかし、どの程度の意識かを厳密に判定できるほど、信頼性のある計測法はない。ここでは、21世紀に入ってから開発された手法で、意識レベルに関して比較的信頼できそうな生理的データを与えるものを紹介しておこう[*1]。

この手法では、まず、頭皮に密着させたコイルで脳に磁気パルスを送り、コイル直下のニューロンを誘導電流で刺激し興奮させる。この興奮は周囲に伝播し、1秒近くにわたって集団的な神経興奮が持続する。このときの脳波を精密に計測すれば、刺激時に意識があったかどうかの判定基準になりそうだという。実際の検査では、200発程度の磁気パルスを脳に送り込み、頭蓋全域を覆う高密度脳波計によって新皮質のさまざまな部位における活性化のパターンを調べる。

重要なのは、得られたデータの分析法である。広範囲にわたる脳波のデータを、情報科学の知見に基づいて数学的に変換し、パターンの複雑さを表す指標（PCI; Perturbational Complexity Index）にまとめたのである。大雑把に言えば、脳波の周波数が低く、新皮質の各部位で互いに無関係に振動する場合はPCIの値が小さく、複雑に絡み合った振動になる場合はPCIが大きくなる。

*1 次の記事が参考になる。C. コッホ「意識の有無を見分けるテスト」（日経サイエンス 2018年4月号 p.60）。

PCI の値が持つこうした特徴は、意識レベルの定量的な評価に使えるのではないかと期待された。そこで、従来の手法によって、厳密ではないが実用上の目安となる程度に、意識の有無が判定できる被験者が用意された。例えば、レム睡眠状態にあった被験者を覚醒させ、直前に夢を見ていたと申告した場合は「意識あり」。熟睡状態（深いノンレム睡眠状態）にあり、覚醒させても何も覚えていない場合は「意識なし」。身体活動を停止させるが意識は消失させない麻酔薬ケタミンを処方したケースは「意識あり」。全身麻酔手術で使われるような深昏睡を引き起こす麻酔薬を処方したケースは「意識なし」――というように。

健常者や脳損傷患者を含む 100 人以上の被験者について、磁気パルスへの応答を調べる実験を行ったところ、

1. **従来の手法で「意識なし」と判定されるケースでは、複数ある PCI のすべてが特定の値以下（つまり、神経興奮のパターンが複雑さに乏しい）**
2. **「意識あり」のケースでは、少なくとも一つの PCI がその値以上**

となった。この結果を信じれば、PCI が特定の値以上か以下かによって、従来の手法と同等かそれ以上の信頼度で、意識の有無を判定できることになる。うまくいけば、大脳機能が維持されて内面的な意識があるにもかかわらず、誤って植物状態と判定される危険が減らせる。植物状態の場合、脳幹が生きているので、脳死状態のように脳波が完全に平坦ではないが、そのパターンが充分に複雑かどうかで、意識レベルの判定ができるかもしれない。

PCI の値が意識の有無を確実に判定する基準として利用できるかどうかは、今後の研究で検証する必要があるが、意識レベルと脳波のパターンに数量的な関係があることは実証されたと言って良い。

意識は、「ある／ない」という単純な二分法で区分されるものではない。意識があるとは考えられない状態から明瞭な意識のある状態まで、レベルが連続的に変化する。意識レベルを判定するには、数量化されたデータを用いた科学的手法が必要になる。

意識されない神経興奮

脳波の計測からわかるように、ニューロンの興奮と意識は密接な関係にある。しかし、脳で生じるすべての神経興奮が意識をもたらすわけではない。このことは、多くの科学的知見によって示されている。

典型的なのが、小脳の活動である。小脳は、主に、身体の平衡を保つ無意識的な制御を行う器官である（他にも、血圧のコントロールや一部の認知機能に関与する）。人間だけでなく脊椎動物一般に見られ、敏捷な動きを示す動物では特に発達している。小脳は、膨大な数のニューロンを興奮させて高度な情報処理を行う。にもかかわらず、その働きはほとんど意識に上らない。

小脳の機能としてよく知られているのが、前庭動眼反射である。

左右の眼球には、それぞれ6つの外眼筋がある（**図7.2**）。何かを見つめながら頭部を動かしたとき、これらの筋肉が無意識のうちに協調して働き、眼球が頭部の動きと逆方向に回転して、視覚像を網膜上の同じ位置に保つ。これが前庭動眼反射だが、その仕組みは、フィードバック制御（どれだけズレがあるかを検知し、それを補償するように出力を調整する制御）ではない。視覚像のズレを検知してから外眼筋の出力を変えても、眼球を動かすまでに時間が掛かりすぎ、頭部の動きに追随できないためである。ここで行うべきはフィードフォワード制御（ズレが出ることをあらかじめ予測し、ズレないように出力を設定する制御）であり、単純な反射ではなく高度な情報処理を必要とする[*2]。

この情報処理を遂行するのが小脳で、三半規管などから送られた頭部の動きに関する情報を使って、視覚像がズレないために必要な眼球運動を計算する。予測が外れて視覚像がズレる場合は、適応学習によって眼球筋の出力が適切な値に再設定される。

小脳は、高度な情報処理を遂行する一種のコンピュータである。実際、小脳はニューロンの塊と言ってもよく、ニューロン数は大脳よりも遥かに多い（正確な数は不明）。では、なぜ小脳における神経興奮は意識と結びつかな

*2　前庭動眼反射の仕組みは、1970年代に伊藤正男が解明した。『脳科学の展開』（伊藤正男・塚原仲晃編、平凡社）に収録された伊藤正男「小脳の適応制御」などで解説される（ただし、内容は専門的で難しい）。

いのか？

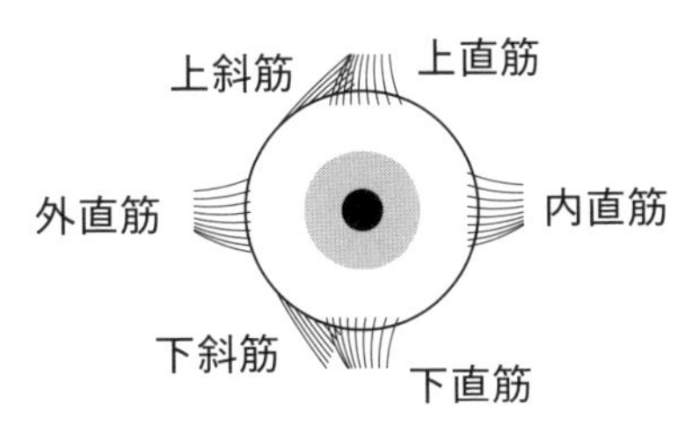

図 7.2: 眼球を動かす筋肉

小脳の活動が意識されないのは、意識レベルが神経興奮の複雑さに関係するという前節の議論を踏まえれば、容易に理解できる。

前庭動眼反射の際に小脳が行うのは、頭部の動きに関する知覚データに基づいて、視覚像が静止するような外眼筋の出力を求めることである。この作業は、与えられたデータを数学的に変換するだけで完結する。処理結果をフィードバックして新たな処理を行ったり、いくつかの入力内容を比較したりする工程は含まれない。データの流れは、入力から出力に至るまで一方向的であり、反響回路に見られるように、さまざまな部位の間で行ったり来たりしない。多量のデータを扱うために作業量は膨大であっても、作業過程そのものは単純なのである。

小脳ではきわめて多数のニューロンが興奮するが、全体的な興奮のパターンにおける複雑さは乏しい。興奮パターンの複雑さが意識をもたらすとするならば、小脳の活動が意識されないのは、むしろ当然のことと言えよう。

無意識下の自由意志

無意識下で行われる脳神経活動の中で、多くの文化人に衝撃を与えたのが、意志決定の過程だろう。

かつては、何らかの目標を達成するための行動の場合、それを実行しようと決意する意志決定は意識的になされると考えられてきた。しかし、1983年に発表された論文[*3]で、ベンジャミン・リベットらは、自発的な行動についての意志決定が無意識下でなされるという実験データを発表した。

リベットらが行った実験で、被験者は、決められた時間内に好きなタイミングでボタンを押すように指示される。ボタンが押される際、3つの時刻が計測された。一つは、動作が開始される時刻で、筋電図によって記録される。もう一つは、ボタンを押そうと決意した時刻で、そう感じたときに画面に提示されていた輝点の位置を被験者が報告することで判定される。リベットらは、この2つに加えて、脳が筋肉に動作を指示する時刻も調べた。随意筋を動かす場合、大脳運動野の神経がまず活性化し、少し遅れて筋肉が反応する。この活性化が準備電位と呼ばれるもので、準備電位が生じた時刻は脳波計で計測できる。

実験の結果によると、まず運動野に準備電位が発生、それから約0.3秒後に「ボタンを押そう」という意識が生じ、さらにその0.2秒後に筋肉の動きが開始された。つまり、意志決定が意識されるよりも前に、脳はボタンを押すことを決めて準備を始めていたのである。

リベットらの実験後、多くの研究者が実験条件を変えるなどして追試を行った。その結果、時間間隔に若干の差があったものの、意志決定が意識される以前に準備電位が発生することは、ほぼ確実となった。

この実験結果をどう解釈すべきか？「自由意志の存在が否定された」と仰々しく主張する向きもあるが、そこまで深刻に解釈する必要はあるまい。意志決定のプロセスにおいて、イニシエーターとなる最初の段階が無意識下だと考えるだけで充分である。「自由意志は無意識のうちに開始される」と言っても良い。

リベットの実験における行動は、ボタンを押すだけのごく単純なものであり、複雑な思考を必要としない。意識は（前々節のPCIの議論で示唆されるように）、小脳で生じるような一方向的に伝播する単純な神経興奮ではなく、脳のさまざまな部位に関わる複雑な過程に伴って生じる。とすると、最初に「ボタンを押そう」と決意した段階が意識されないのは、それが複雑な

*3　リベット自身による一般向けの解説として、次の著書がある。ベンジャミン・リベット著『マインド・タイム　脳と意識の時間』（下條信輔訳、岩波書店）。

思考を要しない単純な動作だからだと考えるべきだろう。目の前にハエが飛んできたカエルは、おそらく「ハエを食べよう」と意識した上で舌を伸ばすのではなく、無意識的に反応して獲物を捕獲する。人間でも、カエルの捕食並みに単純な動作ならば、無意識的に反応することは充分にあり得る。

人間的な行動とは、無意識のうちに動作が始まりそうになったとき、それを拒否したり修正したりすることである。美味しそうな料理を目にして、「食べたい」と思うのは自然だろう。しかし、その料理がレストランで隣の皿に盛られていたとき、まともな人間はカエルのように飛びついたりしない。周囲で多くの人が活動している場合、心理学実験の環境とは異なって、脳は常に緊張状態を強いられ、絶え間なく状況を判断し動作を抑制している。隣の皿に手を伸ばそうという意志が心の底に生じたとしても、即座に実行するのではなく、その行動プランを前頭前野に送って比較考量し、適宜修正する。

最終的に、「次にこのレストランに来たときは、あれを注文しよう」などと決意する（隣席にいるのが恋人ならば、「一口食べさせて」とねだる）のだが、この意志決定は、前頭前野から脳の各部位に「食べようとする意志が生じた」という情報が伝達され、記憶されているさまざまなデータと照合された上で、導き出されたものである。この過程全体における神経興奮のパターンはきわめて複雑となり、それ故に意識化される。これが、自由意志というものである。最終段階において人間的かどうかが重要なのであり、意志決定の開始段階で無意識的だったとしても、人間の尊厳が傷つけられるわけではない。

分離脳における複数の意識

一人の人間が有する意識は、常に単一なのだろうか？ この問いは、しばしば「一つの肉体に複数の魂」という形で古くから語られてきたが、分離脳の研究を通じて、近年、科学的な議論としての体裁が整えられた。

大脳は左右二つの半球に分かれており、相同部位を結ぶ神経繊維の束である脳梁を通じて、相互に連絡し合っている。この脳梁を切断する手術が、重度のてんかん（大脳の広範囲にわたって過剰な神経興奮が生じる疾病）に対する治療として行われることがある。これは、一方の半球で過剰な興奮が生じても他方に波及しないようにするための措置で、難治性のてんかんには緩和治療としての有効性がある。大脳は、脳梁以外でも皮質下（大脳表面を覆う皮質の下にある部分）で一部つながってはいるが、脳梁切断により大脳半球間の連絡が大幅に損なわれるため、さまざまな副作用が生じる。この副作用が、二つの半球に分離された脳の意識に関して、興味深いデータを提供したのである[*4]。

大脳と身体各部を結ぶ神経繊維が途中で交差するせいで、人体の左側は脳の右半球、右側は左半球に支配される。左右両半球の連絡が阻害された分離脳の持ち主に対して、視野の左半分にだけ見えるように画像を提示すると、その視覚情報は右半球にだけ送られ、左半球には伝えられない（**図 7.3**）。言語情報は（通常は）左半球で処理されるため、画像について言葉で質問されても「何も見なかった」としか答えられない。しかし、左手にペンを持たされると、右半球が見たのと同じ画像（あるいは、その画像から連想される何か）を描くことができる。

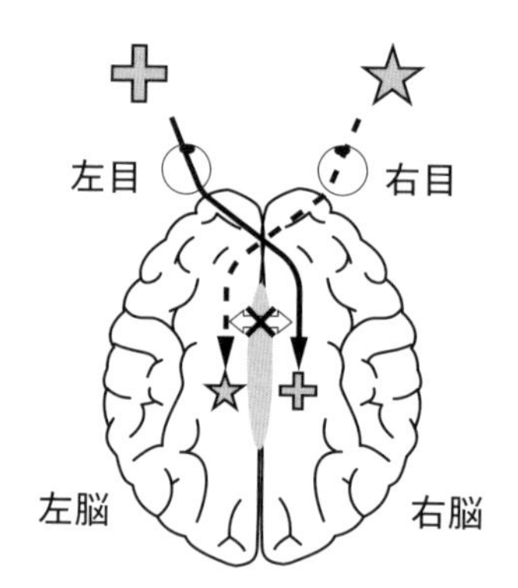

図 7.3: 分離脳での知覚

*4　分離脳に関しては、ロジャー・スペリーやマイケル・ガザニガらの研究が有名である。M. ガザニガ／J.E. レドゥー著『二つの脳と一つの心』（柏原恵龍他訳、ミネルヴァ書房）参照。また、脳梁切断手術を受けた患者の記録である「分離脳患者（L.B.）の手記」（認知神経科学 2003, Vol.5 No.1 p.34）も興味深い。

興味深いのは、左右の脳で好みが異なる場合、それぞれの半球が別個の意識を持つかのように行動したことである。分離手術を受けた女性は、スーパーで欲しい商品を右手で取ろうとしたところ、左手がそれを阻止しようとするため、カートになかなか入れられなかったという。分離脳の患者で、似たような経験を語る人は少なくない。ただし、大脳が半分になったにもかかわらず、精神生活に不完全さは感じないらしく、連絡が取れなくなった半球を偲ぶことはないようだ。

人間の意識が統一感を保っていられるのは、さまざまな部位が頻繁に連絡し合っているからであり、脳梁が切断されて半球間の連絡が遮断されると、両半球に孤立した意識が生じる——それが、分離脳の研究から導かれる結論である。意識は何らかの実体によって統合されているわけではなく、情報の交換によって結果的に統合された意識が成立すると考えるべきだろう。

解離性同一性障害

一つの脳に複数の意識が存在すると聞くと、多くの人は、解離性同一性障害、いわゆる「多重人格」を連想するだろう。このケースは、連続する意識の中で異なる人格が交代して現れるのであって、分離脳のように、同時に二つの意識が併存するのではない。だが、脳における各部位の間で連絡がうまくできるかどうかが、意識の変容をもたらすという事例として興味深い。

通常、人は自分の意識が一つのまとまりとして統合されていると感じるが、こうした統一感が弱くなった状態を解離性障害と言う。このとき、いつもの自分とは異なる別人格が支配的になるのが解離性同一性障害であり、ほかにも、解離しているときの記憶を失う解離性健忘、身体が自分のものでないように感じる離人症性障害などがある。

解離性障害が発症するメカニズムは、必ずしも明らかではない。私の推測では、脳のさまざまな部位の間で連絡が充分に行われず、機能的な統合が実現できない結果だと思われる。長期記憶を定着させる海馬と密接な連絡が取れないと、解離性健忘が起こり、視覚や体性感覚を連合して身体図式を構成する頭頂葉連合野との連絡が悪くなると、離人症性障害が発症するのだろう。つらい記憶に起因するPTSDを避けるため、脳が積極的に連絡を遮断するケースもあると考えられる。人格に関わる解離性同一性障害も、同じようなメカニズムによるものではないか。

人格とは、置かれた状況に基づいて選択される思考・行動パターンのセットである。多くの人は、必ずしも自覚しないまま、会社にいるときはこの人格、家庭ではこちら街中ではあちらというように、適宜人格を切り替える。人によっては、生きづらさから逃れるために空想世界専用の人格も用意されているだろう。ギリシャ悲劇や能のような古典劇では、演者が被る仮面（ペルソナ）によって役柄が表されるが、人格（パーソナリティ）は、対他関係における仮面だと言って良い。

大脳が十全に機能している場合、前頭前野の指示によって、ある行動パターンを採用するとどうなるかのシミュレーションが行われ、その結果を基に、状況に適合する人格が選択される。解離性同一性障害では、こうした機能が阻害され、置かれた状況に対して、常日頃とは異なる行動パターンが表れるのかもしれない。

人格を構成する思考・行動パターンは、脳のさまざまな部位で神経ネットワークの配線として記銘されている。解離性同一性障害で見られる人格の交代は、活性化されるネットワーク部分を切り替えることに相当し、それぞれの人格が独立した意識を持つわけではない。外から見て、別人のような人格に切り替わるとしても、意識は単一のまま継続される。

意識を解明するには何が必要か

意識が脳に局在することは、脳の損傷によって意識が変容・喪失することを通じて、かなり以前から確実視されていた。ニューロンの電気的興奮が意識と密接に結びつくことは、1930年代にワイルダー・ペンフィールドが行った実験などから明らかにされている。ペンフィールドは、開頭手術の際に（患者の了承を得た上で）微小電極によってニューロンを刺激すると、音楽が聞こえたり記憶がよみがえったりすることを見いだした。また、主にサルを用いた動物実験によって、あるタスクを遂行する際に特定のニューロンが興奮することも示されている。

さまざまなデータによれば、意識がニューロンの興奮と関係することは間違いないが、「意識＝ニューロンの興奮」ではない。小脳の活動のように、神経興奮があってもほとんど意識されないケースがあるからだ。これまでの議論から導かれるように、「意識とは何か」という問いに答えるには、少なくとも次の2つの性質について、その起源やメカニズムを科学的に解明する必要がある。

1. 意識は「ある／ない」という二分法で分けられるものではなく、意識レベルが連続的に変化する。意識レベルは、神経興奮のパターンにおける複雑さの度合いと相関している。
2. 意識は必ずしも厳密に統合されているわけではない。意識が統合されているように感じるのは、さまざまな機能を担う大脳部位が密接に連絡し合うからである。

「複雑さ」とか「連絡し合う」といった意識と関係する性質は、ニューロンの興奮という物理的な過程に比べて、より“抽象的な”出来事のように見える。素朴に考えると、こうした抽象的な出来事は物理学で扱えない気がするだろう。しかし、もう一歩考えを進めていただきたい。抽象とは何なのか？ 抽象化に相当する物理現象は存在するのか？ こうした問いに目を向けつつ意識とは何かを明らかにするには、物理におけるリアリティの問題を再点検する必要がある。

場の量子論とリアリティ

意識が持つ最大の特徴は、リアルだという点である。「自分に意識がある」という感覚は、なぜあれほど強烈なリアリティを感じさせるのか？ 手術などで手や足を切断した患者が、失われたはずの手足が痛いと訴える幻肢痛という症状がある。手足はすでに存在しないのだから、「《手足が》痛む」という表象は事実に合致しない。しかし、「自分が《手足に》痛みを感じている」ことは、否定しようのない事実である。

前章で示したとおり、意識の生理的基盤となるのは、神経ネットワーク内部に一定以上の複雑さを持ち、各部位と連絡し合う集団的な興奮状態が生じることである。しかし、興奮する一群のニューロンを指して、「これが意識だ」と主張するのは、明らかに当を得ていない。分子レベルで見ると、イオンが細胞膜を出入りする過程が連鎖しているに過ぎないのだから。

観測できない別の何か（魂？）が意識を形作ると考えることも、不可能ではない。だが、分子レベルの振る舞いまで検出できる観測機器の性能を考慮すると、それに引っかからない未知の過程が存在すると強弁するのは、実証的根拠がなく説得力に欠ける。

それでは、現代物理学の枠内で、意識が持つ異様なまでのリアリティを説明することはできるのだろうか？ 誰もが納得するほど説得力のある説明は無理だが、興奮パターンの「複雑さ」といった一見抽象的な特性が物理的なリアリティを持ち得ることは、理論的に解明できる。そうした議論に基づいて、意識のリアリティが物理に由来すると示唆する程度ならば、やってやれないことはない。

この第８章の内容は物理学の高度な内容を含んでいるため、多くの読者にとって、かなり難解だろう。だが、本書の中核的な部分に当たるので、斜め読みでもかまわないから、何を言わんとしているのか探っていただきたい（量子論についてより詳しく知りたい人は、吉田の既刊書[*5]を参照のこと）。

渦巻は実在するか?

真空中を物質の構成要素が動き回るという古典的な原子論を信じていると、実体（substance）とは「中身の詰まった対象」であり、実在（real existence）は、空間の中に実体が持続的に存在する状態だと考えがちである。原子か、原子が結合してできた物体こそ、実体だと見なすことが多い。

しかし、20世紀に発展した場の量子論に基づく世界観によれば、原子や分子、あるいは素粒子すらも、共鳴パターンを表す波が一時的に安定した状態を見せているだけで、確固たる実体とは言えない。あらゆる対象は、有限の寿命しかない。多くの恒星はせいぜい数百億年から長くて数兆年で燃え尽きる。銀河もいつかは崩壊し、ブラックホールですら、最終的には蒸発して雲散霧消する（ホーキングの理論が正しければ）。この世界に、永遠不滅のものなど存在しない。

現実世界がこのようなものだとすると、「何が実在するか」という問いに答えるにも、旧来の考え方から離れなければならない。実在とは、中身の充実した確固たる対象が持続的に存在するのではなく、あくまで場が形作る構造だと考えるべきである。

場は宇宙にあまねくひろがっているが、それだけでは何者でもなく、単なる現象の担い手にすぎない。場の内部に、共鳴パターンのようなさまざまな構造が生まれて、はじめてリアルな物理現象となる。分子や結晶、生体組織、さらには生物個体のような構造を持つ存在は、現象の担い手である場よりも、はっきりしたリアリティを有する。

何が実在かを論じるための参考として、渦巻について考えていただきた

*5　場の量子論を解説した著作としては、吉田伸夫著『素粒子論はなぜわかりにくいのか』『量子論はなぜわかりにくいのか』（いずれも技術評論社）がある。また、『量子で読み解く生命・宇宙・時間』（幻冬舎）では、場の量子論の歴史を簡単に紹介した。

い。水や大気の渦巻は、まるで何らかの実体が存在するかのように見えることがある。台風の場合は、一つひとつの渦巻に（台風何号といった）名前を付け、陸地に達したときには「上陸」などと報じる。このとき、渦巻の内部では、多数の分子集団がほぼ同期した回転運動を行っており[*6]、全体としては、まるで一つにまとまった物体のように振る舞う。

台風のように、かなりの期間にわたって持続的に存在する渦巻は、中心の位置と渦巻の強度や広がり（台風ならば中心気圧や暴風域の大きさ）などの少数の状態量を与えることで、その実態をかなり正確に記述できる。こうした統一性を持った集団運動である渦巻は、「実在する（really exist）」とか「リアルだ（be real）」と言ってかまわないように思える。

もっとも、ニュートン力学のような古典的な原子論からすると、「渦巻は実在しない。運動する水や気体の分子があるだけだ」という見方が正統的なのかもしれない。渦巻というのは、膨大な数に上る分子の全体的な傾向性を抽象して得られた概念である。物体同士がメカニカルに力を及ぼし合うだけのニュートン力学の世界では、まず物体が存在し、これが力を受けて運動する。渦巻のような集団運動は、人間の思考の中だけにしかない抽象的な存在だと見なされる。

こうした「ニュートン力学的な観点からの否定」を反駁するためには、量子論的な集団運動に関して、もう少し踏み込んで論じる必要がある。

量子論のリアル

（第I部第2章で解説したように）量子論とは、原子スケールの物理現象が波のような振る舞いを示す理論である。

古典的な原子論では、原子とは、それ自体が確固たる自立的存在である。ところが、量子論になると、原子核の周囲に電子の波が安定した定常状態を形成した状態が、原子と呼ばれる。つまり、量子論における原子とは、古典的な原子論で想定されていた「中身が充実した実体」などではなく、波動という「広がりを持った集団運動」でしかない。

*6　個々の分子は、集団的な運動とは別にランダムな熱運動を行っているが、平均操作によって動きを均してしまうと、同期した回転運動が残る。微細な高速運動を知覚できない人間には、この集団運動だけが存在するように感じられるのである。

量子論のリアルを描き出すために、波動関数というツールを使いたい。1926年にエルヴィン・シュレディンガーが電子の波動関数を導入したときには、この関数が電子の真の姿を現すものと考えていた。その後、波動関数が電子そのものではないと判明したが、それでも、電子を生み出す場の状態を近似的に表現しており、イメージを作るのに都合が良い。

波動関数の値の大小に応じて濃淡を付けると、空間内部に一種の模様が浮き上がる。例えば、最低エネルギー状態にある水素原子ならば、原子核を中心とする球対称の模様となる（**図8.1**）。波動関数の値は波の振幅を表すので、濃淡模様の濃い部分は、振動が激しい領域に対応する[*7]。原子内で電子の位置を調べる実験をすると、模様の濃い部分ほど観測される確率が高い。

量子論における世界の光景は、濃淡の模様で表される。ニュートン力学のように、「まず物体が存在し、これが動くことで物理現象が生じる」という段階を踏まない。空間内部に描き出されたさまざまな濃淡の模様が、時間方向に変化する。あるいは、空間と時間を併せた時空内部に、模様が広がっていると言った方が適切だろう。確固たる実体などどこにもなく、濃淡の模様だけが量子論のリアルなのである。

量子論的な世界観に基づいて渦巻を解釈するならば、「実在するのは水や気体の分子であり、渦巻は全体の動きを人間が抽象した観念にすぎない」という考え方は間違いだとされる。分子の構造を表す部分的な濃淡模様と、分子集団の動きを表す全体的な濃淡模様が、ともに量子論的な現象として併存していると考えるべきである。

*7　シュレディンガーの波動関数は、非相対論的な近似で求めたものであり、そこに含まれる振動因子は、場の振動ではなく「うなり（振動数がわずかに異なる波が重なったときの振幅の変動）」を表す。初学者向けの教科書では、通常、振動因子をファクターアウトした「時間に依存しない（＝振動しない）波動関数」を用いるが、この場合は、波動関数がそのまま振幅を表すと見なしてかまわない。

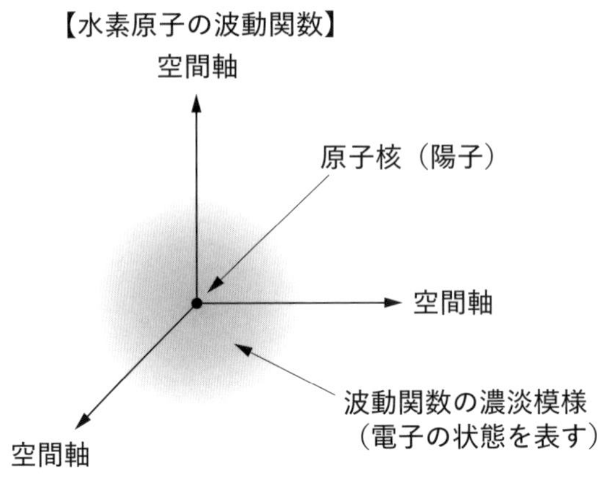

【水素原子の波動関数】
空間軸
原子核（陽子）
空間軸
波動関数の濃淡模様
（電子の状態を表す）
空間軸

図 8.1: 水素原子の波動関数

電子が 2 個になると…

シュレディンガーは、当初、水素原子のように、原子核の周囲に 1 個の電子があるケースを論じていた。このケースでは、3 次元空間内部における 1 個の電子の位置（縦・横・高さ方向の 3 つの座標）が与えられれば、波動関数の値が定まる。

電子が 2 個に増えた場合、波動関数はどうなるのか？ 原子から飛び出した自由電子について考えよう。ある場所に電子が 1 個存在するとき、波動関数は、その地点にピークがある関数となる。素朴に考えると、電子が 2 個のときにはピークが 2 つある関数になりそうだが、そうではない。電子が 2 個のときには、3 次元空間が 2 つ必要となる[*8]。電子に A,B という名前を付けるならば、電子 A の 3 次元空間と電子 B の 3 次元空間があり、それぞれの内部に、1 個の電子が存在することを表す 1 つのピークが現れる（**図 8.2**）。

*8 数学の知識のある人には、式で書いた方がわかりやすいだろう。2 個の電子 A と B があるとき、波動関数ψはどんな関数形になるのか。ψが電子の波そのものを表すならば、ψは場所を表す 1 つの座標 x の関数となり、A と B が存在する位置 x_A と x_B の 2 箇所にピークがあるだろう。しかし、シュレディンガーが導いた 2 電子系の波動関数は、電子 A の位置 q と、電子 B の位置 Q という 2 つの変数の関数$\psi(q,Q)$ となった。ψは、$q=x_A$ と $Q=x_B$ で別々にピークをとる。

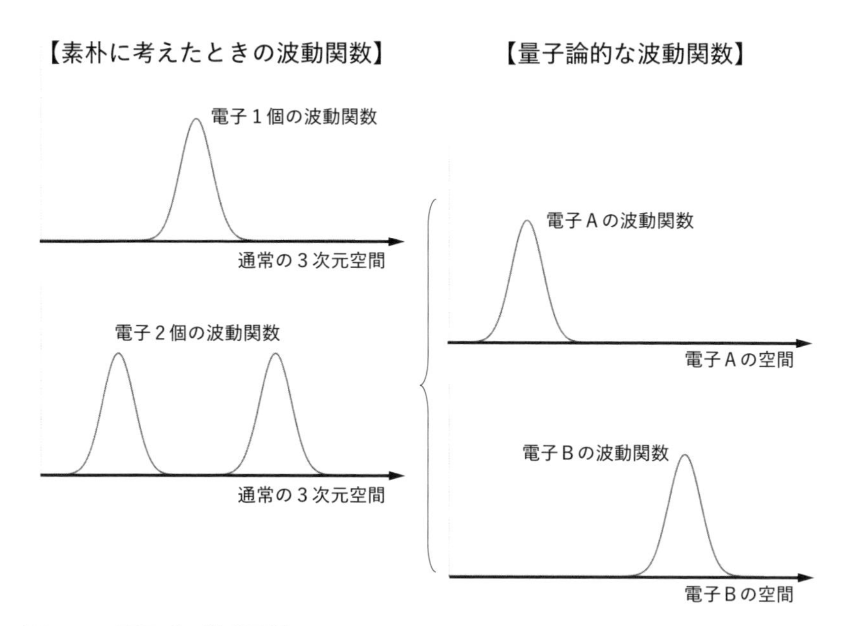

図 8.2: 2 電子系の波動関数

シュレディンガーの定式化をそのまま採用すると、電子の数だけ別々の3次元空間を用意しなければならない。100個の電子があるときには、100個の3次元空間というように。これを数式で記述すると、すべての次元をまとめた300次元空間として表される。これでは、いかにも次元が多すぎる。そのせいで、シュレディンガーは、波動関数が電子そのものを表すという主張を撤回し、電子の確率的な振る舞いを記述する関数だと見なすようになる。

次元が多すぎる!

しかし、場の量子論になると、こうした不自然な「次元の増大」が合理的に解釈される。

場の量子論では、すべての地点に存在する光や電子の場が、そこで量子論的な振動をする。この振動を行うためのスペース（空隙）は、ニュートン力学などに現れる3次元空間とは別の広がりでなければならない[*9]。この“異次元”とでも言うべき小空間における場の量子論的な振動は、波が閉じ込められたときの一般的な振る舞いとして、共鳴パターンとなる定在波を形成する。定在波のエネルギーは特定の値に制限され、エネルギー量子（エネルギーの塊）となる。

場の振動は、隣り合う小空間に伝わる。その結果、場の定在波が形成したエネルギー量子は、元の3次元空間の中を移動することができる。このエネルギー量子の移動を、人間の作った解像度の粗い観測機器で見たものが、光子や電子のような素粒子が飛び回る過程である。

もっとも、こうした世界の実相は、思い描くのが難しい。そこで、科学的な説明とは言い難いが、世界とはカズノコのような構造だとイメージしていただきたい（**図8.3**）。古典的な原子論では、空っぽの空間の中に原子が飛び回っていると思われたが、そうではない。あらゆる地点に、人が日常的に見ている3次元空間とは別の広がりを持つ空間が存在し、カズノコのツブツブのように世界をびっしりと埋めている。その空間内部に閉じ込められた波が、共鳴パターンとなる定在波を形作るのである（ただし、現実のカズノコでは、ツブツブの内部も3次元空間となるが、場の量子論の小空間は、3次元とは異なる広がりがある）。

シュレディンガーの波動関数は、電子場の波動によって形成されるエネルギー量子を1個の粒子と見なし、その振る舞いを近似的に表すものである。それぞれのエネルギー量子は、そもそも別々の小空間（場が振動するスペース）で形成されたものなので、電子という粒子として扱う場合も、一つの3次元空間ではなく、電子ごとに別々の空間を用意しなければならない。これが、シュレディンガーを混乱させた「多すぎる次元」の起源である。

量子論的世界の光景となる濃淡の模様は、場の量子論になると、無数に存在する小空間に描き出される。その次元数は、いくつと数えられるものではなく、1の後に0が何十と続くような膨大な数である。そんな膨大な次元を持つ空間にどんな模様が描かれるか、人間の頭脳では、ほとんど想像することもできない。

*9 ニュートン力学で使われる3次元空間は、内部に存在する物体の位置座標（通常は x,y,z）で表される。これに対して、場の量子論における「場が振動するスペース」は、場の強度（電磁場ならば電磁ポテンシャル）が座標となる。

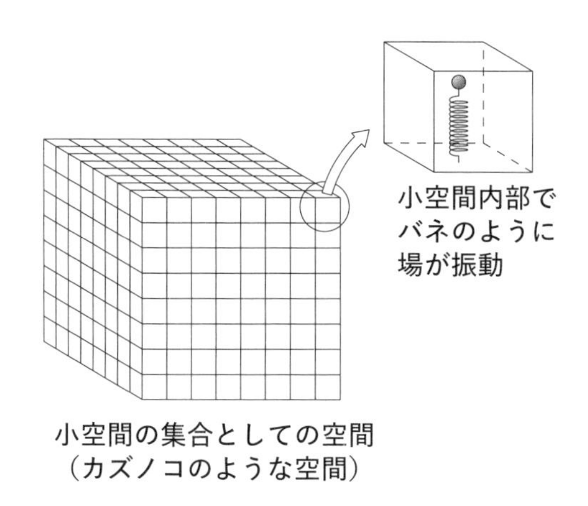

図 8.3: 小空間の集合としての 3 次元空間

正六角形の謎

場の量子論における膨大な次元は、専門家でも手に余る。ここでは、「次元が多い」ことの意味を感じ取っていただくために、場ほど膨大ではないがそれなりに多次元の事例として、多原子分子を考えることにする。シュレディンガーの波動関数では、電子が 2 個になると 2 つの 3 次元空間が必要で、数式の上では、6 次元空間での議論となる。同じように、多原子分子も、次元数が 3 より大きい空間を想定しなければならない。

複数の原子が結合した多原子分子には、幾何学的な構造を持つものが少なくない。結合角が 104.5 度の「く」の字形をした水分子（H_2O）、正四面体構造のメタン分子（CH_4）、正四面体がひしゃげたアンモニア分子（NH_3）などがあるが、以下では、ベンゼン環の正六角形に注目したい。

ベンゼン（C_6H_6）とは、6 つの炭素原子がリング状に結合し、各炭素原子に水素原子がくっついたものである。炭素原子のリングはベンゼン環と呼ばれ、有機化合物の基本的な構成要素となる。炭素原子は 4 本の“手”となる 4 つの価電子を持つが、19 世紀にはベンゼン分子の構造がなかなかわからず、隣り合う炭素原子間の結合が一つおきに単結合と二重結合を繰り返すと解釈されていた（**図 8.4**）。

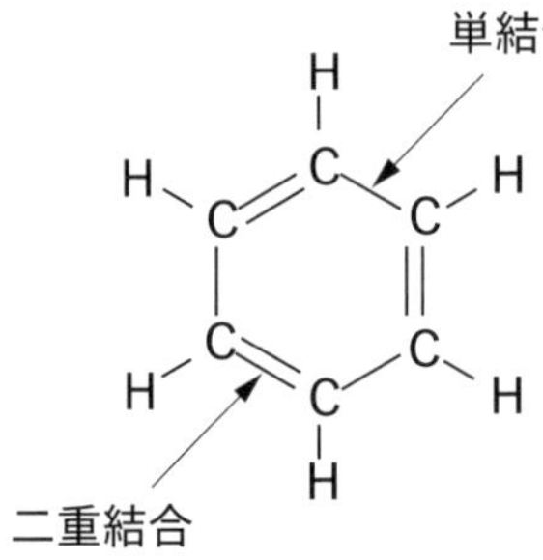

図 8.4: ベンゼンの化学式

現在では、6 つの炭素原子が提供する価電子が、すべての炭素原子に等しく共有される共鳴状態を形成することがわかっている。この共鳴状態は、炭素原子が並んだ面の上下に広がっている（**図 8.5**）。炭素原子同士の結合は、単結合・二重結合の別なくどれも同等になるので、ベンゼン環の形状は、炭素原子を頂点とするゆがみのない正六角形になる。炭素原子が正六角形に並ぶことは、電子顕微鏡を使って直接的に確認できる。

さて、ここで渦巻の場合と同じ謎を提出しよう。「ベンゼン環の正六角形は実在しない。きれいに並んだ炭素原子があるだけだ」という考えは正当だろうか？

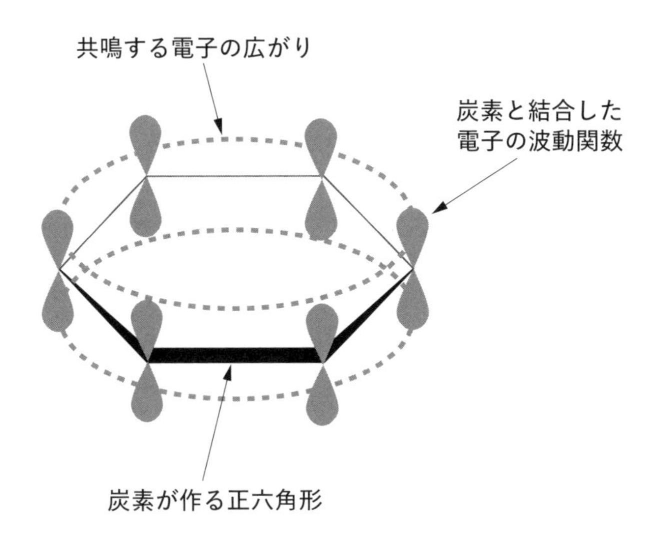

図 8.5: ベンゼンの量子論的構造

2 個の原子に注目

いきなりベンゼン環の説明をすると話がややこしくなるので、まず、2個の原子が結合した状態に注目したい。最も簡単なケースとして、2個の陽子（水素原子核）と1個の電子から構成された水素分子イオンを考えよう（「最も簡単」と言っても、かなり専門的な話になるので、物理学に明るくない人は、何となくイメージできれば充分である）。

束縛された電子は定在波を形成する。2個の陽子の間に電子が収まるような定在波ができると、マイナスの電荷を持つ電子が、プラスの電荷を持つ陽子を2つとも引き寄せ、3つの粒子が結合された状態が実現される。質量の小さい電子は速やかに動き、直ちにエネルギー最低の安定な状態に落ち着くので、電子は常に安定状態にあると見なし、2個の陽子だけに注目しよう。このとき、水素分子イオンのシステムが持つエネルギーを計算すると、陽子間距離の関数として表され、この距離が約0.1ナノメートルのときに最低エネルギー状態となる（**図 8.6**）。

2個の陽子の波動関数は、（2個の電子と同じく）2つの3次元空間内部で記述される。しかし、計6次元となる空間を図に描くことはできないので、話を簡単にするため、陽子が2つとも同じ直線上しか動けないと仮定しよう（図8.7）。

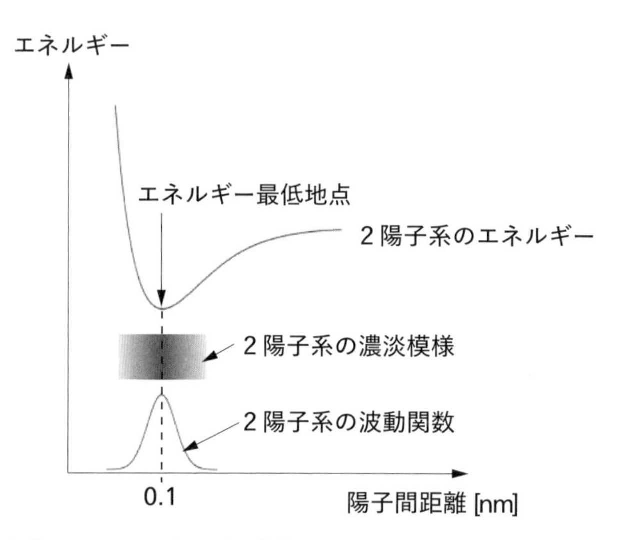

図8.6: 水素分子イオンのエネルギー状態

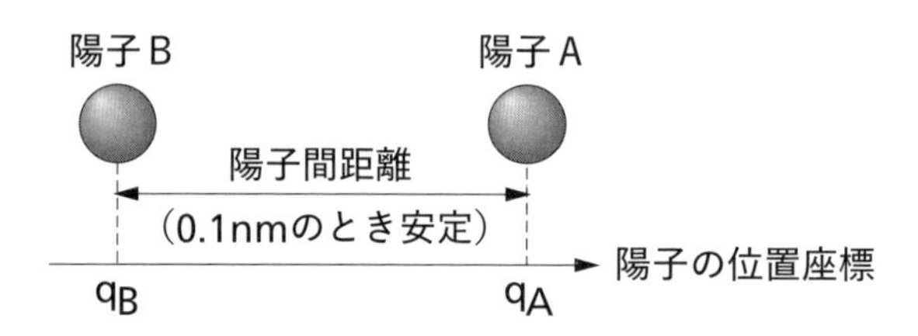

図8.7: 水素分子イオンの構造

2個の陽子A, Bは、通常の3次元空間で見ると、どちらも直線上という1次元の世界にいるが、量子論を考える場合は、AとBの存在する空間を別々に想定する必要がある。陽子Aの座標をq_A、Bの座標をq_Bとする（図ではq_Aがq_Bより大きいとした）。このとき、量子論的な状態は、q_Aとq_Bを座標軸とする2次元空間で表される。この2次元空間に量子論的な状態を表す濃淡模様を描くと、2つの座標の差が0.1ナノメートルとなる傾いた直線上で濃淡模様が最も濃くなり､そこから離れるにつれて模様が薄くなる(**図8.8**)。

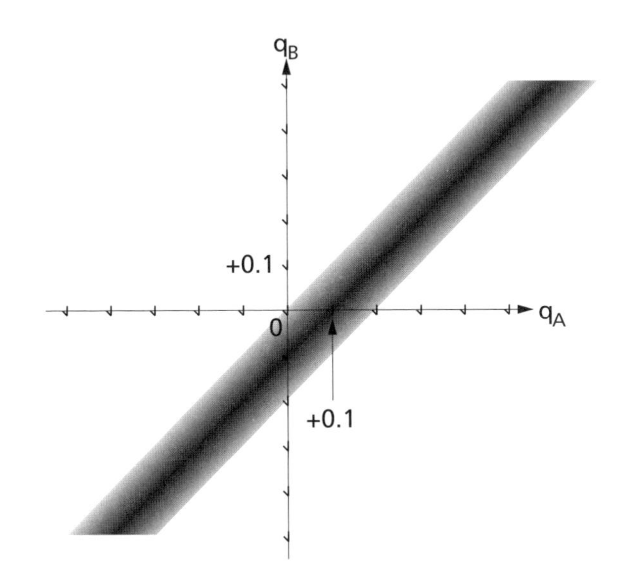

図 8.8: 2 陽子の波動関数

この濃淡模様は､1個の陽子がどこにあるかではなく､2個の陽子がどれだけ離れているかを表す。ニュートン力学では、2個の粒子が同じ3次元空間内に存在し、それぞれが力を受けて運動するが、量子論の世界になると、6次元空間における濃淡模様が現実の状態を表すのである。陽子間距離は､人間が測定するかどうかとは無関係に､濃淡が最も濃くなる地点（あるいは､波動関数がピークをとる地点）として、その姿をリアルに現している[*10]。

*10 物理学的にきちんとしたことを言えば、図に描かれた波動関数に対して、さらに、2つの陽子の重心がどこにあるかを表す関数を乗じなければならない。正確な波動関数を使って模様を描くと、重心が存在する座標付近が濃く、そこから離れるにつれて薄くなる。ここでの扱いは、重心運動と相対運動（陽子の相対的な位置関係がどのように変化するか）という2種類の運動を、分離することに相当する。

物理現象は、そもそも次元数の大きい空間内部に濃淡模様として広がっているのだが、分子のように（安定な部分と可変的部分といった）階層構造を持つものは、その中の小さな部分に濃淡の濃い箇所が集中する。**図 8.8** で言えば、陽子の相対距離を表す 2 次元空間の中で、傾いた直線近傍の狭い領域に色の濃い箇所が集中する。

正六角形は実在する

ここで、ベンゼン環の正六角形に話を戻そう。

通常の炭素原子は 6 個の電子を伴っており、うち 2 個が原子核近くに束縛されるのに対して、残りの 4 個は原子核から距離をとり、化学反応に関与する価電子として振る舞う。ベンゼン分子を構成する 6 個の炭素原子コア（原子核とその近傍にある 2 個の電子）が外部からの作用によって相互の位置を変えると、それに対応して価電子が速やかに移動し、ほぼ瞬時に特定のエネルギー状態に達する。6 個の水素原子も炭素原子に追随するので、炭素原子コアの配置によって、ベンゼン分子全体が持つエネルギーが実質的に定まる。

分子全体の運動（重心運動と回転運動）を別にしても、炭素原子の相対的な配置には、多様な可能性がある（「運動の自由度」という専門用語を使うと、12 の自由度がある）。こうした多様な配置の中で、ただ一つだけエネルギーが最低になる状態があり、それが炭素原子が正六角形の頂点になる並び方である。

もし炭素原子の位置をグラフで描こうとするならば、自由度の個数だけ座標軸が存在する多次元空間（すなわち 12 次元空間）内部の 1 点が、正六角形という形状に相当する。波動関数は、この 1 点にピークがある関数になる。濃淡模様で言えば、この 1 点が最も濃い。**図 8.8** において、2 陽子間の距離が 0.1 ナノメートルの地点が最も濃いように。

こうした状況を踏まえた上で、「ベンゼン環の正六角形は実在しない。きれいに並んだ炭素原子があるだけだ」という考えを再検討していただきたい。

ニュートン力学で水の流れを議論する場合、渦巻が実在するとは言いにくい。個々の水分子が力の作用で運動しているだけであって、渦巻それ自体は、人間の抽象化能力によってイメージしたに過ぎないと考えられるからである。

しかし、ベンゼン環の正六角形の場合、人間の思考は関係ない。正六角形という形状を表す波動関数のピークが、物理的に存在する。したがって、単に炭素原子がきれいに並んだだけの状態ではない。

私が思うに、ベンゼン環の正六角形は、波動関数のピークとして「実在」すると言ってしかるべきである。炭素原子は、うまい具合に正六角形に並んだのではない。場の波動による共鳴状態として、必然的に正六角形という形状を実現したのである。

実在の新たな定義

古典的な原子論では、実在するのは原子であり、物質は原子が組み合わさったもの、物理現象は原子が動き回ったり相互作用したりする過程だと理解される。しかし、場の量子論では、そうしたボトムアップ的な（哲学用語を援用すれば「還元主義的」な）世界観が否定される。

場の量子論で物理現象の担い手となるのは、電磁場や電子場のような場である。ならば、これらの場が世界の構成要素であり唯一の実在かと言うと、その言い方は必ずしも適切ではない。場はあらゆる地点にあまねく存在しており、場が欠けた領域などないからである。

原子論は真空と原子から構成される二元論的な世界であり、原子が動き回る空虚な領域が想定されている。だが、場の理論は場しか存在しない一元論であり、場が世界の版図を決定する。「場が唯一の実在だ」などと、わざわざ言う必要はない[*11]。

原子論における原子に相当するのが、場に生じる定在波である。素粒子や原子、分子は、定在波として実現された安定な共鳴パターンだと解釈できる。ただし、原子論の場合は、原子が根源的な構成要素であり、他はすべて原子から構成されるのに対して、場の量子論では、何かが他を構成する根源的な要素というわけではない。

*11 現在の場の理論では、電子やクォークなどいくつもの場が重なるように存在すると仮定されており、究極の物理学理論とは言えない。また、一般相対論と場の量子論を統合する試みも、いまだ成功していない。近い将来、究極の理論が発見されるという見込みは乏しく、何が実在かという問いに対しては、いつまでも答えが出せないかもしれない。

素粒子は、確かに最小の物理現象と言うべきものである。しかし、陽子と電子のシステムである水素原子の内部では、電子は粒子的な姿を失い、原子全体に広がった波動を形作る。まず確固たる実在として振る舞う電子などの構成要素が存在し、これらが組み合わさって原子を形作るのではない。原子も素粒子と同じような共鳴パターンなのである。根源的な構成要素は存在せず、状況に応じて場がさまざまな波動を形作っている。

原子論における実体は、空間の特定領域に凝集するものとしてイメージされることが多い。しかし、場に形作られる波動のパターンは、たとえ実体のように振る舞うとしても、決して凝集するわけではない。

有機化学の分野で知られるように、ベンゼン環はきわめて安定な構造であり、化学反応によってほとんど壊れない一つの塊のように振る舞う。これは、ベンゼン環を構成する炭素原子が凝集して塊になるからではなく、正六角形に配置される状態が安定な共鳴パターンになることの現れである。この共鳴パターンに対応するのが、炭素原子が正六角形に配置されたときに現れる波動関数のピークであり、このピークこそが、ベンゼン環における安定性の根源と見なされる。

金属結晶も、凝集した塊として存在するのではない。金属結晶を金属原子核と電子から構成されたシステムとして見ると、原子核同士の間隔は原子核の差し渡しに比べてきわめて大きく、ほとんどスカスカの状態である。にもかかわらず、金属結晶としてまとまった塊のように振る舞うのは、原子核が整然と配列するような共鳴状態が実現されるからである。

場の量子論においては、最小の構成要素が組み合わさって物質や現象を実現するのではない。場に生じる波動が、さまざまなスケールで複雑に絡み合いながら構造を形作っている。実在というものが定義されるとするならば、それは、共鳴のような安定した波動のパターンであって、壊れない最小の何かを考えてはならない。

「現象」という語は、原子論では、実在と本質的に異なる表面的な出来事とイメージされるかもしれない。しかし、場の量子論では、むしろ共鳴のような安定的に持続する現象こそが、「実在」と呼ばれるべきなのである。

協同現象と秩序パラメータ

ここまでは、波動が示すさまざまな振る舞いの中で、共鳴に注目してきた。共鳴とは、特定のタイプの波だけが大きな振幅となって持続し、他が減衰する現象である。

しかし、波動が生み出す現象は、共鳴だけではない。根底に微細な波動がある量子論的なシステムの場合、多数の部分が相互に作用し合うときの振る舞いは、単なる共鳴よりも、遙かに複雑で精妙なものとなる。特に、高温熱源からの光が照射され続けるケースのように、エントロピーが局所的に減少し得るシステムでは、自律的に秩序を持つ構造が形成され、そうした構造が協同的に（すなわち、各部分が互いに協力して全体の統一性を実現するかのように）振る舞うことがある。

こうした自律的な秩序形成や、統一性を実現する協同現象は、物理法則に従っているにもかかわらず、まるで特定の目的を目指すかのように見える[*12]。波を閉じ込めたときに生じる定在波の共鳴パターンは、波動による秩序形成として最も単純なものと言って良い。特に生物の世界では、共鳴とは比べものにならないほど複雑にして精妙な物理現象が生起する。これらは、生物物理学と呼ばれる分野で研究されているが、いまだに、そのごくごく一部が解明されたに過ぎない。ニューロンで興奮が伝達される際、適切なタイミングでイオンチャンネルが開閉する過程は、だいたいの仕組みが明らかにされた数少ない事例である[*13]。

解明された協同現象の事例によって示されたのは、秩序があるように見えるケースを記述するのに、全体的な振る舞いを表す少数のパラメータを導入するのが便利だということだ。

複雑な現象は、一般に、膨大な変数が関与する。気体ならば、すべての分子の位置や速度などである。何が起きているかを完全に記述するために

*12　秩序形成や協同現象に関するしっかりした（大学後期課程レベルの）解説は、次の書籍に見られる。H. ハーケン著『協同現象の数理』（牧島邦夫・小森尚志訳、東海大学出版会）。

*13　この過程に関しては、ホジキン＝ハックスリーによる1952年の先駆的な研究に始まり、イオンチャンネルとなる巨大タンパク質の構造変化など、多くの研究成果が蓄積されている。ただし、専門外の人にもわかりやすい日本語の解説書は、見当たらない。

は、こうした変数がどんな値になるかをすべて与えなければならない。しかし、これらの大部分は、ランダムな変動を繰り返すだけで、システムの全体的な傾向性を定めるのに、あまり重要な役割を果たさない。重要なのは、圧力や温度のような少数のパラメータがどのように変動するかであり、それ以外の変数が示す細かな変動は無視してかまわない。

こうした全体的な傾向性を表すパラメータは、しばしば「秩序パラメータ」と呼ばれる。秩序パラメータは、ランダムな揺らぎを含まず、全体的な傾向性を表す量である。自律的な秩序形成が行われるケースでは、秩序パラメータの値がゆっくりと変化しながら、安定状態へと移行していく。秩序パラメータの動向に注目することで、システムの秩序形成がどのような仕組みで実現されるかが理解しやすくなる。

場の量子論の観点からすると、安定した秩序状態が実現されるケースでは、秩序パラメータが特定の値をとる地点で波動関数がピークを持つと考えられる。量子論的な状態を表す濃淡模様で言えば、特に模様が濃くなる領域が現れる。

秩序パラメータは、人間が考案したアーティファクトではない。波動関数のピークや濃淡模様の形状が現れる地点としてのリアリティを持つ。これが量子論における実在、量子論のリアルなのである。

心と物

前章では、場の量子論における「実在」が古典的な原子論とはまったく異質であることを論じてきたが、この特性を、意識のリアリティと結びつけることはできないだろうか？ 以下、リアルとは何かを巡る考察を通じて、主観と客観、意識と物理現象、心と物をつなぐ紐帯を探っていきたい。

本章の内容は、学界で受容されたものではなく、私の個人的な見解である。実証的なデータもわずかしかない。いまだ仮説の域を出ないことを了承した上で、読み進めてほしい。

モノとコト

ニュートン力学に従う古典的原子論の世界においては、空間内部に「モノ」が存在することが前提となる。モノが何もなければ、いかなる現象も生じようがない。存在するモノが、時間の経過につれて動いたり変形したりする過程が、「コト」である。こうした世界観を信じるならば、まず意識主体となるモノが存在し、その変動過程であるコトによってモノに意識が生じると言えそうだ。

しかし、そこに意識が生じるモノとは、いったい何なのか？ ニューロンは、脂質二重層で構成された細胞膜に、ポンプやゲートとして機能する特殊なタンパク質が埋め込まれている。このような化学的特徴が、意識の有無と関係するのだろうか？ あるいは、何種類もある神経伝達物質（シナプスから分泌される化学物質で、ニューロン間の信号を介在する）が何らかの役割を果たすのか？

こうした問いに対して、旧来の意識論では、答えるための手がかりすら見いだせなかった。とすると、問い方そのものが間違っていると考えるべきだろう。「まずモノが存在し、モノが変動してコトになる」という原子論的な世界観がおかしいのである。モノを優先的に抽出して認識するのは、（第5章で述べたように）神経ネットワークの仕組みに由来するのであって、自然界の実態に即しているわけではない。意識とは何かを理解するためには、ニュートン力学のような古典的原子論を脱却する必要がある。

場の量子論は、古典的な原子論とは異なる。この理論において、物理現象の唯一の担い手が場なのだが、場はあらゆる地点にあまねく存在しており、空間内部で移動できる原子とは異質である。原子や分子、あるいは、これらの構成要素である素粒子は、いずれも古典的原子論における原子のようなモノではなく、（前章でも記したように）場に安定した定在波が形成された状態を指す。

物理現象は、場に生じたさまざまな波動の振る舞いだと解釈できる。安定した定在波はあたかもモノのように、連続的に変動し続ける波はコトのように振る舞うが、根源的にはどちらも波なので、モノとコトを厳密に区別する基準はない。モノとコトが一体化しているのが、場の量子論の世界である。

波動性の表れ方は、状況によって変化する。原子が端から端まで整然と並んだ単結晶ならば波動性が強く表れ、量子論に基づいて硬さや色などの物性が決定される。しかし、身の回りに存在する通常の固体では、さまざまな結晶が雑然と入り混じっているため、量子効果は結晶間で打ち消しあって、表面に現れない。肉眼で見える巨視的なスケールになると、量子論的な波動性はほとんど隠れてしまう。

これに対して、意識を生み出す神経ネットワークの活動は、巨視的ではない。膜電位の変動は、膜タンパク質を介してイオンが出入りすることによって生じるもので、精密機械として作動する高分子に支えられた、量子論的な過程である。

意識は、量子論の領分に属する。

生命と秩序

生命が引き起こす出来事は、秩序パラメータの変化として表される協同現象が、いくつも組み合わされたものである。中でも神経ネットワークの活性化は、この世界で最も複雑でありながら秩序だった現象と言って良い。

ニューロンの興奮は、それ自体が複雑な秩序を体現している。膜電位は、膨大なイオンの集団的な振る舞いによって決まる秩序パラメータである。膜電位の変動が生じるのは、細胞膜に埋め込まれたタンパク質がポンプやゲートとして機能し、その作用でイオンが移動するからだが、一個一個のイオンが膜電位の値を左右するわけではない。重要なのは、イオンの全体的な流れがどのような傾向性を持つかである。この傾向性と膜電位の関係は、方程式にきちんと従う協同現象であると解明されている。

高度な知的能力を実現する反響回路も、神経ネットワークの各部分が協調するかのように振る舞う協同現象である。もし、脳が活動しているときの量子論的な状態を濃淡模様で表すことができたならば、超細密画とでも言いたくなる複雑精妙な構造が見られるだろう。

生命活動とは、秩序だった物理現象の集積である。神経ネットワークで生じる意識に関しても、物理現象における秩序に目を向けて論じなければならない。

量子論的な構造の複雑さ

神経ネットワークにおける物理現象は、ベンゼンなどの多原子分子と同じように、濃淡模様として表される量子論的な構造を示すはずである。ただし、多原子分子よりも遙かに繊細で錯綜した構造になるだろう。

膜電位のような秩序パラメータの数は、電位の変動をもたらすイオンの総数に比べると、相対的にきわめて少ない。それでも、気体の圧力や温度ほど大雑把な指標ではなく、神経ネットワーク全体にわたって微妙に変動し続けるので、その情報量は膨大である。また、反響回路と言っても、単純な周期的変化ではなく、同じパターンをほとんど繰り返さない過程でありながら、広範な領域にわたって活性化状態が数百ミリ秒から数秒間も維持される。こうした協同現象において、量子論的な状態が形作る空間的・

時間的構造は、想像を絶するほど複雑になるだろう。

量子論的な構造自体は、多原子分子のような非生物的な物理現象にも見られるごくありふれたものである。だが、人間の神経ネットワークに生じるほどの複雑な構造となると、少なくとも地球上では、一部の生物における中枢神経系以外に存在しないだろう。ここで「複雑」と言ったのは、量子論的な構造が、きわめて巨大な次元を持つ空間に広がっていることを意味する。

水素分子イオンの量子論的な結合状態は、(第8章で述べたように) 2つの陽子が3次元空間のどこに位置するかという、たかだか6つの次元を持つ空間内部で定義される。これに対して、ベンゼン環が正六角形の形状になる際には、6つの炭素原子それぞれがどこに配置されるかが問題となるので、3次元の6倍である18次元が関与する。2原子の結合よりベンゼン環の方が複雑な構造なのは、関与する次元数が大きいことの現れである。

神経ネットワークが活性化する場合、各ニューロンの膜電位など多くの秩序パラメータが絡み合うので、関与する次元数は、ベンゼン環に比べて少なくとも数桁大きい。神経ネットワークの活動における複雑さは、物理学的には、この膨大な次元数に由来する。

とすれば、意識における量的な性質も、次元数と関連付けるのが自然だろう。

意識レベルの起源

意識レベルは、(第7章におけるPCIの議論などで示されたように) 神経ネットワークが活性化した際の複雑さと関係する。私は、意識レベルを決定する複雑さの指標として、「関与する次元数」を提案したい。反響回路のように多数のニューロンが複雑に絡み合う興奮状態は、次元数が膨大になるため、意識レベルが高くなる。これと対照的に、小脳における機械的な計算では、興奮がほとんど一方向的・逐次的に連鎖するだけで、ニューロン間の錯綜した連携はないため、各部分での次元数は相対的に小さくなり、意識レベルは低い。

これまで繰り返し、意識は「ある／ない」の二分法に当てはまらないと言ってきたが、意識レベルと次元数を結びつければ、この状況が理解しやすいだろう。
物理現象の担い手となる場は、常に意識を生み出し得る素材である。1個の分子ですら何次元かに広がった定在波を形成するので、「ここから意識レベルがゼロになる」という境界を画定することはできない。きわめて低いレベルの意識ならば、どこにでも存在する。だが、ふつうの人が実感するような「人間的な」意識となると、神経ネットワークにおける反響回路のように、きわめて次元数の大きい複雑な協同現象が実現されたときだけ生まれると考えられる。
ここで言う人間的な意識は、「意識主体が感じる何か」ではない。そもそも、（これまでの説明で示されたように）意識主体など実在しない。巨大な次元数を持つ量子論的状態という物理的な実在が、すなわち意識そのものなのである。
量子論的な現象は、あらゆる領域で生起するが、その現象に関与する次元数は、場所によって大きく異なる。地球上で量子論的な状態を濃淡模様で描き出すと、ところどころに模様のきわめて濃い部分が、まるで何らかのモノが存在するかのように浮かび上がる。模様が濃くなりモノの存在を彷彿とするのは、（**図8.6**のように）秩序パラメータに支配され安定状態が持続する領域である。その中で、関与する次元数が特に大きな領域をピックアップすると、他の部分との連絡があまり密でない分断された領域に見える。私の仮説によれば、多くの人が意識主体と呼ぶのは、こうした分断された領域のことである。ただし、あくまで連続した物理現象の一部分であって、意識を有する独立した実体が存在するわけではない。
脳梁が切断された分離脳の場合、両半球は皮質下での連絡を保っているものの、この部分だけでは、両半球を緊密に連携させることはできない。巨大な次元数を持つ量子論的な構造は、皮質下での連絡路がボトルネックとなって各半球に分断される。その結果、2つの半球が統一されず別々の意識を持つことになる。

意識と行動

大脳における神経ネットワークの活動でも、（人間的な意味で）意識化される部分とそうでない部分がある。こうした差異がいかにして生じるかは、神経活動で情報がどのように処理されるかを考えると理解できる。

知的な動物における神経ネットワークの主要な役割は、生き延びるのに必要な行動プランを策定することにある。哺乳類や鳥類は、目の前にエサがあると食べようとするし、肉食獣や猛禽類などの捕食者が接近してくると回避行動をとる。こうした行動は、さほど複雑な思考を行わなくても、経験的に学習した行動パターンを反復するだけで遂行可能である。それでは、エサと捕食者を同時に目にした場合は、どのように行動するか？

知的な動物ならば、捕食者が接近しているのにエサを食べる、あるいは、エサがあるのに回避行動をとるといった行動について、実行したときの結果を予測するだろう（**図 9.1**）。はっきりしたシミュレーションでなくても、エサと捕食者の緊急性を比較したりする。このとき、通常は一つの行動プランに同時に含まれない情報を混ぜて処理する。目の前にエサだけがある場合、行動プランを作成する過程は、学習記憶に基づく一方向的な情報処理である。しかし、エサと捕食者を同時に目にしたときには、エサからいったん離れて襲撃を避けたり、捕食者が去った後に再びエサがある場所に戻るといった、いくつかの要素を連結した行動プランを作り上げることになる。

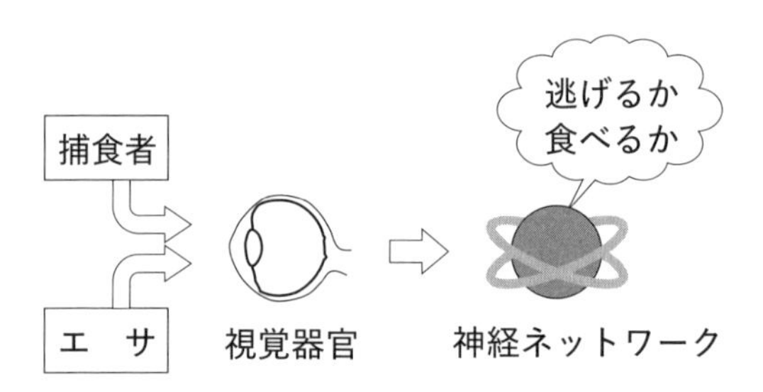

図 9.1: エサと捕食者

このとき、異質の情報を同時に処理するため、興奮するニューロンが多岐にわたり、それだけ次元数も増える。その結果、状況に応じて最適の行動プランを策定する過程は、意識レベルがより高くなると推測される。

おそらく、多くの人は経験的に、意識と行動が深く関係すると知っているだろう。両者が関係する理由は、（私の仮説によれば）行動プランを策定する際、異なる情報を結びつけることで処理が複雑化され、関与する次元が増大するからである。

行動と切り離された“純粋に抽象的な”思考があると主張する人がいるかもしれない。しかし、抽象的に思えても、言語概念を想起する際には、発声に使用する口中の筋肉をわずかに動かしていることが多い。また、幾何学的な議論をする際に線や面のような視覚的イメージを使う場合は、針金でできた線を曲げたり図を描いたゴムを変形したりと、具体的な行動に置き換えて思考するのではないか。たとえ身体をはっきりと動かさなくても、意識は行動と結びついている。

人ならざるものの意識

意識レベルが量子論的状態の構造に起因するのならば、人間以外のものが持つ意識を論じることも可能になる。

まず、はっきり言えるのは、現代の技術で製造されたAI（人工知能）に意識は生じないということである。既存のコンピュータで使用される半導体にせよ、量子コンピュータの素子となる孤立イオンや超伝導素子にせよ、情報処理用の部品として機能させるには、外部から作用を加えて物理的状態をコントロールしなければならない。こうした外発的な制御では、協同現象による自律的な秩序形成は行われず、高い意識レベルに相当する複雑な量子論的構造は生み出されない。

バイオテクノロジーがきわめて高度な段階に達し、ニューロンを人為的に増殖させて中枢神経系に匹敵する神経ネットワークを製造できるようになるまで、人間の手で意識を生み出すことは不可能だろう。

量子論的な構造を自律的に形成するには、精密機械として稼働する高分子を利用する以外に方法がないと思われる。宇宙空間に豊富に存在する元素のうち、巨大で安定した分子の骨格になれるのは、炭素原子だけである。したがって、地球外生命の中で意識を有するものは、いずれも、炭素骨格（炭素原子がつながった基本構造）を持つ分子を活用して身体を構成しているだろう。ただし、遺伝物質がリンを含むか、細胞膜が脂質二重層かといった細部に関しては、さまざまなヴァリエーションがあり得る。

地球上の生物は、進化のどの段階で人間的な意識を獲得したのだろうか？ 意識レベルは連続的に変化する量であり、「人間的な意識」を厳密に定義することはできないので、この問いにきちんと解答することは不可能である。しかし、人間的な意識が行動プランの策定と結びついているのならば、前頭葉が発達し、さまざまな予測をもとに行動をプランニングする動物には、人間に近い意識があると考えるのが自然である。

例えば、カラスは鳥類の中で最も前頭葉（正確に言えば、哺乳類の前頭葉に相当する部位）が発達しており、事前予測に基づいてプランニングされていると思われる行動が多い。ゴミが集まる前から収集場所にカラスが群がっていることがあるが、人間的な意識なしにこれだけの行為を遂行するとは考えにくい。このほか、チンパンジーやイルカなども、意識があるとしか思えない行動をとる。

カエルやトカゲに人間的な意識があるかどうかは、答えにくい。意識レベルは連続的に変化するので、明確な線引きはできないと言い訳しながら議論を避けるしかない。

人間の場合でも、胚から胎児、乳幼児へと成長していく際、どの段階で意識が生じるかは難問である。胎児期には、神経幹細胞からニューロンが次々と作られ、脳の基本的な構造ができあがる。発生後は、まずシナプスの形成がきわめて活発になり、それからしばらくの間、形成されすぎたシナプスの“刈り込み”が行われる。こうした段階を経て意識が変質することは確実だが、意識レベルの判定は難しい。

我思う、故に我在り

古典的な原子論によれば、まずモノが存在し、モノの変動としてコトが生起する。この考え方を意識に適用すると、まず意識主体が存在し、その内面的な活動として意識が生起するはずである。しかし、意識の問題にこうした論法で立ち向かい、うまく解決できた論述を目にしたことはない。

場の量子論は、異なる方向から議論を進める。エントロピーが局所的に減少するような条件下で、自己複製能力を持つシステムがダーウィン流の進化を遂げ、環境に適合するように複雑化していく。その結果として、量子論的にきわめて複雑な構造が形成され、意識が実現される。

意識が実現されるほど高度に複雑化されたシステムは、環境に関する認識を構築していく。そうした認識には、システム自体の状況も含まれるだろう。かくして、このシステムは、環境中に存在する自己についての認識を作り上げる。つまり、意識は自己の存在に先行するのである。哲学史上の名言を借りれば、「我思う、故に我在り」ということになる[*14]。

自分という存在があって初めて意識が生じるのではなく、人間的な意識が生じるほど複雑な神経ネットワークが形成された結果として、意識をもたらすシステムを分節的に（すなわち、環境から分断された特定領域として）理解できるのである。

これと似た考え方は、場の量子論が構築される遥か以前から提唱されていた。意識があるからこそ意識主体の存在を議論できるのであって、意識主体の存在が意識の条件ではないという主張である。過去の論者が科学的なデータなしにそうした考えに到達できたのは、「意識がある」という状況に圧倒的なリアリティが感じられるからだろう。「意識がこれだけリアルなのに、それを生み出す別の存在を措定する必要があるのか」という疑問が背後にある。

では、なぜ意識にこれほどのリアリティがあるのか？

この問題について、私は、単純に「意識がリアルだからだ」という立場をとる。意識がリアルに感じられる仕組みがあるのではなく、巨大な次元数を持つ協同現象が生じるとき、そこで形成される量子論的な構造自体がリアルなのである。

ここでリアルと言うのは、例えば、眼前に置かれた石ころがリアルだというのと同じ意味である。前近代には、石ころは、空間を稠密に埋め尽くす実体として存在すると考えられた。しかし、現在では、内部に安定な定在波が形成され原子が整然と配列された結晶構造ができることが、そのリアリティの根拠だとわかっている。意識のリアリティも、場に生じる量子論的構造が結晶と同じようにリアルだからと解釈すれば、説明として充分である。リアリティをもたらす仕組みを、それ以外にわざわざ案出する必要はない。

*14　この言葉は、ルネ・デカルトが『方法序説』で述べたものだが、デカルト自身は意識と身体との関係を解明することができず、奇妙な心身二元論を提唱するに至る。

自分だけがいる世界

知覚に基づいて構成される客観的世界には、多くの人間が共存している。これらの人々は、同じ物理法則に従っているように見える。一方、主観的世界の表象では、自分だけが特殊な存在である。自分以外の人間は、主観内の存在様式という点で、自分とは異質だと感じられる。

よくよく考えると、このことは、実に不思議な状況である。人によっては、主観的世界とは心を“内側”から見たものだから、自分だけ特殊なのは当然だと言いたくなるかもしれない。しかし、心の“内側”とはいったい何だろうか？

経験的にも科学的にも、きわめて高い確実性が示されているのが、法則の斉一性である。基礎的な法則に関して、対象のどれかを特別扱いすることはできない。もし客観的世界において、単一の3次元空間内部にいくつもの物体が併存するのならば、これらは全て同等に扱われるべきであり、「この物体だけは運動方程式の形が他と少し異なる」ということはあり得ない。

ところが、意識に関しては、法則の斉一性が成り立っていないかのようである。客観的世界に複数の脳が存在するとき、斉一性が成り立つならば、どの脳も同等で差はないはずだ。しかし、「自分の意識がある（我思う）」という強烈なリアリティが感じられる主観的世界において、自分の脳（あるいは、意識をもたらす主体的なモノ）は他者の脳と明確に峻別される。

法則の斉一性と意識のリアリティの間に齟齬があるという感覚は、多くの人が抱いていたらしく、少なからぬ民族が、物質や身体が属する客観的世界とは別に、主観的な世界（＝心の内側）を実現する《霊魂》のような実体をイメージした。《太郎の霊魂》という特別な実体が宿った身体に、太郎の意識が生じるという発想である。しかし、この発想を現代科学の領域に持ち込むのは、現実問題として困難である。

場の量子論に基づいて意識を論じると、こうした困難がほぼ解消される。この理論によれば、意識は、秩序パラメータに支配され安定状態が持続する領域の中で、特に次元数が巨大な領域を指す。こうした領域は、ベンゼン環の正六角形が実在するのと同様に、物理的に実在する。

重要なのは、これらの意識が、単一の3次元空間内部に併存するのではなく、それぞれ別個の空間に属している点である。

量子論的な振動は、あらゆる地点に存在する小空間（**図8.3**に示した、カズノコのツブツブのような空間）で生じる。こうした小空間内部での振動が定在波を形成し、粒子的に振る舞うようになったのが、素粒子である。シュレディンガーは、電子の波動関数を考案したとき、それぞれの電子がまるで別々の3次元空間に存在するかのように記述されることに悩んだが、これは、粒子的な波動がもともと別々の小空間に属していたためである。意識は、素粒子などよりも桁違いに巨大な次元にわたる協同現象の産物だが、個々の意識が別々の空間に属するという性質は、素粒子と共通する。

意識のような複雑な協同現象が生じるのは、きわめて巨大な次元数を持つ空間である。ベンゼン環の炭素原子を記述するには、それぞれの原子の位置を指定するための18次元空間が必要だが、意識の広がる空間は、これより何桁も大きい。しかし、それでも、あらゆる物理現象が生じる小空間の集合全体と比べると、ごくごくわずかな部分でしかない。言うなれば、意識は、全物理現象を包括する空間のごく一部となる《自分だけの》空間に閉じ込められている。

場の量子論とは、「宇宙全体にあまねく広がる場によって物理現象が生起する」という形で世界の単一性を保証すると同時に、個別の空間に閉じ込められたさまざまな現象が併存する多数性をも容認する理論である。「一にして多」という性質は、自然に実現される。

意識についてまとめると…

この第Ⅲ部では、場の量子論に立脚する意識の説明を試みた。

従来の意識論では、まず意識の担い手となるモノを想定し、そこで生起するコトを意識と見なす論法が用いられることが多かった。しかし、この論法では、「意識が生じ得るモノとは何か」という、さらなる難題が生じる。

モノとコトを別個に想定する議論では、進化によって意識が現れた理由を説明するのも難しい。意識に何らかのメリットがあって、「意識を生じるモノをコードした遺伝子が選択された」という論証になるはずだが、どの生物がこの遺伝子を持つのか、答えが出そうにない。

モノとコトを一体化して扱う量子論の観点に立って、「意識とは、量子論的な状態が形作る構造だ」と考えるならば、こうした謎がすんなりと解消される。進化の過程で、予測能力を高めるために神経ネットワークが複雑なものとなったが、意識は、こうした複雑化に随伴して生まれた。それ自体が目的だったのではなく、あくまで生存確率を高めようとする進化に伴って、結果的に生じたにすぎない。

こうした考え方を不快に感じる人がいるかもしれない。人間の心が、単なる物質的な現象に随伴するおまけのように扱われているからだ。おそらく、そうした不快感の背後には、「単なる物質」と「崇高な精神」の2つを対立的に捉える価値観が潜んでいるのだろう。しかし、この価値観こそ皮相な見方でしかない。

物理現象は、神秘的なほど奥深い。量子論が示すように、局所的なエントロピー減少を生じさせる熱流があれば、物理法則に従いながら、複雑にして精妙な構造形成を引き起こすことができる。物質的な世界自体が、秩序を作り出す力を持っている。そう考えると、物理法則に従って人間が作られたと言っても、人間の尊厳は傷つけられないとわかるはずだ。

ただし、物理現象だけで人間のような複雑な生命体を作り上げるのは、自然界にとっても至難の業である。高温の恒星から冷たい海へと膨大な光が流れ込み、想像を絶するほど多数の反応が繰り返されるうちに、偶然の結果として高いエネルギー状態にある高分子が形成される。さらに、何億、何十億年の歳月が経過する間に、ダーウィン的な進化過程が繰り返され、生命の誕生から知性の獲得に至る。

実現確率を考えると、これだけの出来事が起きるには、原子と宇宙との間にきわめて巨大なスケール格差が存在しなければならない。それだけの格差があってはじめて、偶然の積み重ねによって、生命や知性、さらには意識が誕生するのである。

人間は、宇宙の片隅で生まれた。とてつもなく巨大な宇宙と比べると、どうしようもないほどちっぽけな存在でしかない。だが、別の見方もできる。人間というちっぽけな生き物を誕生させるにも、宇宙の広さと長い長い歳月が必要なのである。

人間とは、そうした存在である。

アリストテレスの質料と形相

中世ヨーロッパ思想界に絶大な影響を与えた後、近代科学が勃興してから大幅に評価を落としていたアリストテレスだが、近年、再び脚光を浴びるようになった。彼の思想が、実は現代科学と相性が良いからである。

現代に伝えられるアリストテレスの著作は、多くが講義録ないしその草稿であり、後世の加筆・修正も加わっている。かつてはまったくの偽書も大量に混じっていたが、精密な校訂によって取り除かれていった。

私はアリストテレスの専門家ではなく、著作も『自然学』『ニコマコス倫理学』など少ししか読んでいない。その限りでの感想を言うならば、実証的なデータがほとんどない中、ものすごく頭の良い人が、論理だけで世界の本質を追究しどこまでも突き進んでいく迫力に圧倒された。もちろん、膨大な科学的データが蓄積された現在の目で見ると、誤った主張が少なくない。しかし、データがないなりに徹底的に考え抜いたものなので、たとえ間違っているにしても、議論の筋道をたどるとどこで誤りを犯したかがはっきりし、そこから多くを学ぶことができる。

多岐にわたる議論の中で、中心的な位置に据えられるのが、こんにちの自然科学に相当する分野である。おそらく、アリストテレスが最も得意としたのは生物学であり、彼自身、地中海の海洋生物を対象とする観察や解剖を実践することで、多くの知見を得たはずだが、ここでは、本書とのつながりを重視して、まず物理学的な議論に目を向けたい。アリストテレスによる物理学は、実験に基づく実証性に欠けており、思弁的な面が色濃い。しかし、それでも、明確な論理を貫徹しようとする姿勢には、感服させられる。

合理的思考の根幹は、仮説を立てることである。まず仮説を立て、それが正当かどうかを検証する――それが、合理的に物事を考えるための基本ステップであることは、現代でも変わらない。古代ギリシャにおいては、実験や観測のための機器が未発達だったため、正当性の検証が難しかったも

の の、仮説を立てるという方法論に関して、アリストテレスは明確な信念を持っていた。「原因とは何か」「空虚は存在するか」といった重大な哲学的課題に対して、いくつもの仮説を比較検討しながら、自分が正しいと信じる命題を提示する。アリストテレスの偉大さは、仮説を立ててどこまでも考え続けたことにある。

物理学的な主張の中で、近代の一時期には誤りだと見なされながら、現代物理学によってよみがえったのが、質料と形相に関する主張である。

「質料」（ギリシャ語ではヒューレー。同音異義語の「質量」と混同しないように、最近では「素材」と訳されることも多い）とは、自然における基本的な実体を意味する。アリストテレスの考えによれば、自然界に完全な空虚（いわゆる真空）はなく、空間は何らかの質料に隙間なく満たされるという。

近代科学の流れだけに注目すると、17 世紀にトリチェリが水銀柱を使って大気圧ゼロの領域を作り、「真空が存在しないという主張は誤り」と実証したかに見える。しかし、トリチェリが作ったのは単に大気が存在しない領域であり、物理現象がまったく起きないのではない。実際、宇宙空間に大気はないが、光は通過できる。光を伝えるための何か（19 世紀後半に電磁場と命名されたもの）が存在しなければならない。電磁場は、20 世紀になって量子論で扱われるようになり、量子電磁気学においては、電磁気現象を生み出す実体と見なされる。つまり、アリストテレスが質料と呼んだものは、現代物理学における場なのである。

一方、「形相」（ギリシャ語でエイドス）は、現代の観点からすると複合的な概念である。

水の氷結・沸騰や生物の成長など自然界に見られる変化には、特定の傾向性がある。こうした傾向性には、基礎的な統計法則から生物における共通の習性に至るまで、いくつものタイプがあり、現代科学に基づく議論では、それぞれ別個に扱わなければならない。しかし、個別的な知見が充分に集まらなかった古代にあっては、変化の傾向性を形相という概念で包括的に扱うしかなかったのである。形相とは、変化が向かう最終的な形態や性質を意味する概念で、目的論的なニュアンスが濃厚である。

比重が水と同程度の油脂を少量水中に落とすと、球形の液滴を形作る。球形になるのは、分子間力が働いて表面積を最小にしようとするからだが、分子の知識がまったくない場合、「なぜ液滴は球形になろうとするのか」という問いにどう答えれば良いのか？

古代にあっても、自然界で見られるこうした傾向性が、力学的な作用とは異質だとわかったはずである。アリストテレスの時代には、「物体は加えられた力の向きに運動する」という見方が一般的であり、力と運動はごく単純な関係にあると考えられていた。これに対して、液滴の球体化や氷の形成においては、外部から力を作用させなくても形態を生み出す性質が自然界に備わっているように見える。この性質を説明するために考案されたのが、形相という概念なのである。

自然に見られる傾向性を物理学的に説明する方法論は、19 世紀後半以降の熱力学によって構築された。こうした傾向性は、エントロピーの増大などと同じく、統計的な法則の現れと考えられる。力学的なエネルギーと温度やエントロピーなどの統計力学的な概念を組み合わせて「自由エネルギー」という量を定義すれば、たくさんある構成要素がランダムに振る舞うとき、統計的な法則に従って自由エネルギーが自然に減少するという結論が導かれる。液滴が球形になるのは、その場合に自由エネルギーが最小になるからであり、形相は自由エネルギーを最小にしようとする傾向性と解釈することができる。

アリストテレスは、形相概念をやや野放図に拡張して、人間の行動にまで当てはめようとした。そうした行き過ぎに目をつぶり、統計的なシステムにおける単純な物理現象に限定するならば、彼の自然観を現代科学と結びつけることは不可能ではない。質料を量子論的な場、形相を統計力学的な法則性と解釈するならば、ビッグバンから生命の誕生に至る過程を、アリストテレスの哲学用語を使って大づかみに捉えることもできる。

もちろん、「アリストテレスは、現代物理学のアイデアを先取りしていた」などと言うつもりはない。彼が、現代科学の観点からすると無数の過ちを犯したことは、否定できない事実である。しかし、実証的なデータがほとんどない中で、問題を徹底的に考え抜こうとし、涙ぐましいまでの努力を重ねたことは、認めるべきだろう。

アリストテレスが犯した中で、その学問的な姿勢が窺える故に愛すべき過ちが、「ウナギは泥の中から自然発生する」という主張である[*15]。

彼は、地中海の海洋生物に関するエキスパートであり、解剖も積極的に行っていた。動物に卵生と胎生（稀に卵胎生）があることを理解し、繁殖期の個体を解剖すれば、卵か胎児を見いだせると知っていた。輸卵管や精巣など生殖器官の構造についても、かなり詳しい知識があった。しかし、ウナギに関しては、いくら解剖しても、卵や胎児、生殖器官が見つからない。卵から孵った直後の幼生も、どこにもいなかった。

現在では、アリストテレスを困惑させたウナギの特性が、解明されている。ウナギは、成長後の生息地から遠く離れたところで産卵する習性があったのだ。ヨーロッパウナギとアメリカウナギは、20世紀初頭に大西洋サルガッソー海で稚魚が採取され、この海域が産卵場だと判明した。ニホンウナギの場合は、2009年になって、マリアナ諸島西方海域でまず受精卵が見つかり、引き続き、孵ったばかりの稚魚、腹に卵を抱えた親ウナギが採取された。ウナギは、生まれた場所から何百、何千キロもの道のりを回遊していたのである。

さらに、ウナギが生殖器を成熟させるのは、生涯の最終段階に入ってからという事情もある。若いウナギはいくら解剖しても生殖器らしきものが見つからないし、ウナギの交尾が観察されたケースもない。

卵・胎児や生殖器官、卵から孵ったばかりの稚魚がいないという観察事実があるのだから、ウナギは卵生でも胎生でもなく、自然発生でしかあり得ない――アリストテレスがこの結論に到達するときのロジックは、シャーロック・ホームズの名言[*16]を思い出させる。

> 不可能（impossible）を除外して残ったものは、たとえいかにありそうでない（improbable）としても、真実に違いない（must be the truth）

*15　具体的な内容は、アルマン・マリー・ルロワ著『アリストテレス生物学の創造』（森夏樹訳、みすず書房）に説明されている。

*16　この台詞はホームズの口癖らしく、第1短編集『The Adventures of Sherlock Holmes（シャーロック・ホームズの冒険）』収録の短編「The Adventure of the Beryl Coronet（エメラルドの宝冠）」など、いくつかの作品で繰り返されている。

なるほど、アリストテレスこそ、間違いなく合理的思考の開祖である（私も、合理的に考えようするあまり、アリストテレスのウナギ論のような大ポカをしているかもしれない）。

おわりに

本書は、知性や意識を含めて「人間を物理現象として捉える」という向こう見ずな試みである。その当然の結果として、多くの学問ジャンルから少しずつ知見を取り込みながら議論を進めることになった。

最近の科学者は、こうしたジャンル横断的な議論をしたがらない。彼らは、限定された範囲の現象を精密に分析する専門家であり、高等教育を通じて、そのための訓練を受けている。世界全体を俯瞰的・大局的に眺めることは、他の専門家の領域侵犯になるとでも感じるのだろう。たとえ、宇宙論のように巨大な対象を相手にする場合でも、「方程式のこの部分がこんな項に置き換わると、ビッグバン後に空間が膨張するパターンがこういう風に変わる」といった具合に、根拠とする理論を限定し、その適用範囲を逸脱しないように気を遣う。これが、現代科学の一般的なやり方である。

こうした状況があるため、本書の全体的な構想を練る段階では、通常の科学的発想法には従わなかった。論点を大づかみにするために私が参考にしたのは、社会学者であるマックス・ウェーバーの方法論である。

ウェーバーは、高所から俯瞰するような広い視野で眺める「鳥の目」と、複眼によって近接的でありながら多角的に見つめる「虫の目」を併せ持っていたと言われる。社会のようにきわめて複雑で錯綜した対象を扱うには、一つの学説を頑迷に信じるのではなく、いくつもの考え方を適宜援用しながら柔軟に見ていくことが重要だが、彼は、そうした視点の切り替えが巧みだった。社会と宗教の相互作用を論じた主著『古代ユダヤ教』（内田芳明訳、みすず書房）でも、「鳥の目」と「虫の目」を使い分けた議論が縦横に繰り広げられる。

まず、ユダヤ教の母胎となった古代イスラエルの経済状況を俯瞰的に論じる。豊かな水源を求める遊牧民からたびたび襲撃を受けた古代エジプトが、国内を統率し軍事力を強化するためにカリスマ的な宗教指導者を必要としたのに対して、資源が乏しいため周辺諸国に出稼ぎに行く機会の多かったユダヤ民族は、各人の精神的な紐帯となる信仰を欲した。こうした俯瞰的な議論をするに当たって、ウェーバーは、古代イスラエルにおける職業構成などのデータを用いることで、客観性を確保している。

その一方で彼は、旧約聖書に収録された書簡などを引用しながら、ユダヤ人の心情に分け入る。ユダヤ教のラビがカリスマ性の乏しい一般市民であること、宗教儀式ではなく食事のような日常生活において厳格な禁忌が定められていることなど、信仰の具体的な側面に言及することで、俯瞰的な見解が空理空論に堕すことなく、人間が生きる社会の現実を確かに捉えていると感じさせる。

こうした複数の視点からの議論は、そのどれか一つを見ただけでは、個別的な学説を実証するほどの説得力はない。しかし、ウェーバーの手によって緊密に編み上げられると、複雑に作用し合うさまざまな要素によって構成された、社会の全体像があらわになる。こうした全体像の構成法は、ナチスドイツによる反ユダヤ主義の根源を社会経済学的な観点から解明しようとしたハンナ・アーレントなど、後続の社会学者に絶大な影響を与えた。

本書において私は、場の量子論から宇宙論に至る物理学に加えて、脳神経科学や心理学など、他ジャンルの知見もまぜこぜにしながら論考を進めていった。あまりに取り留めがなく、しかも、どの議論にも明確なエビデンスがないと批判されそうである。こうした批判を免れないことは、百も承知である。

私が目指したのは、複雑に相互作用するそれぞれの要素に目を向けつつ、錯綜しながらも明瞭な具体性を持つ全体像を作り上げることである。もちろん、ウェーバーが『古代ユダヤ教』で実現して見せたマスターピースからはほど遠い。しかし、こうした議論を行わなければ、他ジャンルに目を向けようとしない閉塞感に侵された現代科学の状況を打開することはできないだろう。

吉田 伸夫

吉田 伸夫［よしだ のぶお］
1956年、三重県生まれ。東京大学理学部物理学科卒業、同大学院博士課程修了。理学博士。専攻は素粒子論(量子色力学)。科学哲学や科学史をはじめ幅広い分野で研究を行っている。著書に『完全独習 相対性理論』『時間はどこから来て、なぜ流れるのか?』『宇宙を統べる方程式』(講談社)、『宇宙に果てはあるか』『光の場、電子の海』(新潮社)、『量子で読み解く生命・宇宙・時間』(幻冬舎)、『素粒子論はなぜわかりにくいのか』『科学はなぜわかりにくいのか』『高校物理再入門』(技術評論社)などがある。

著者ホームページ『科学と技術の諸相』
http://scitech.raindrop.jp/

ブックデザイン　加藤愛子（オフィスキントン）
本文組版　株式会社トップスタジオ

本書へのご意見、ご感想は、技術評論社ホームページ（https://gihyo.jp/）または以下の宛先へ、書面にてお受けしております。電話でのお問い合わせにはお答えいたしかねますので、あらかじめご了承ください。

〒162-0846　東京都新宿区市谷左内町21-13
株式会社技術評論社　書籍編集部
『人類はどれほど奇跡なのか』係
FAX：03-3267-2271

人類はどれほど奇跡なのか 現代物理学に基づく創世記

2023年3月16日　初版　第1刷発行

著　者　**吉田 伸夫**
発行者　**片岡 巌**
発行所　**株式会社技術評論社**
東京都新宿区市谷左内町21-13
電話03-3513-6150　販売促進部
03-3267-2270　書籍編集部
印刷／製本　**港北メディアサービス株式会社**

定価はカバーに表示してあります。

本の一部または全部を著作権法の定める範囲を超え、無断で複写、複製、転載、テープ化、あるいはファイルに落とすことを禁じます。

©2023　吉田 伸夫

造本には細心の注意を払っておりますが、万一、乱丁(ページの乱れ)や落丁(ページの抜け)がございましたら、小社販売促進部までお送りください。送料小社負担にてお取り替えいたします。

ISBN 978-4-297-13346-7 C3042
Printed in Japan